爱游戏，就爱数学王

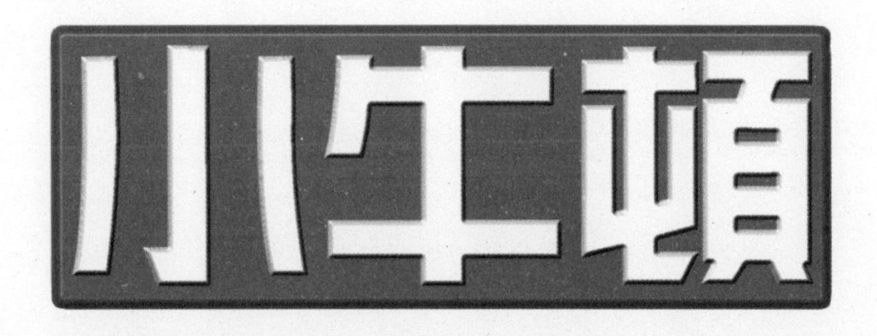

Mathematics Little Newton Encyclopedia

数学王

面积与体积

牛顿出版股份有限公司◎编

四川少年儿童出版社

图书在版编目（CIP）数据

面积与体积 / 牛顿出版股份有限公司编. -- 成都 : 四川少年儿童出版社，2018.1
（小牛顿数学王）
ISBN 978-7-5365-8741-0

Ⅰ. ①面… Ⅱ. ①牛… Ⅲ. ①数学－少年读物 Ⅳ. ①01-49

中国版本图书馆CIP数据核字(2017)第326504号
四川省版权局著作权合同登记号：图进字21-2018-08

出 版 人：常　青
项目统筹：高海潮
责任编辑：王晗笑
封面设计：汪丽华
美术编辑：刘婉婷　徐小如
责任印制：王　春

XIAONIUDUN SHUXUEWANG · MIANJI YU TIJI

书　　名：小牛顿数学王·面积与体积
出　　版：四川少年儿童出版社
地　　址：成都市槐树街2号
网　　址：http://www.sccph.com.cn
网　　店：http://scsnetcbs.tmall.com
经　　销：新华书店
印　　刷：艺堂印刷（天津）有限公司
成品尺寸：275mm×210mm
开　　本：16
印　　张：3.75
字　　数：75千
版　　次：2018年4月第1版
印　　次：2018年4月第1次印刷
书　　号：ISBN 978-7-5365-8741-0
定　　价：19.80元

台湾牛顿出版股份有限公司授权出版

若发现印装质量问题，请及时向市场营销部联系调换。
地址：成都市槐树街2号四川出版大厦六层
　　四川少年儿童出版社市场营销部　　　邮编：610031
咨询电话：028-86259237　　86259232

目录

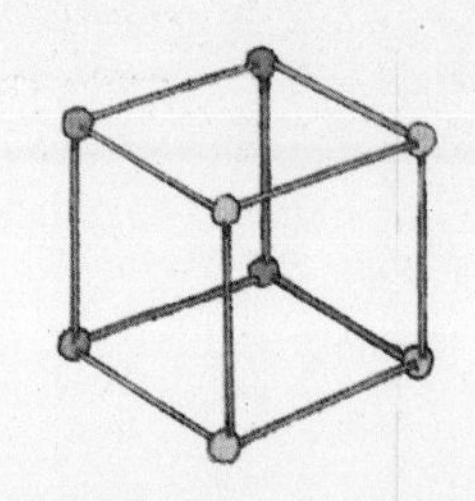
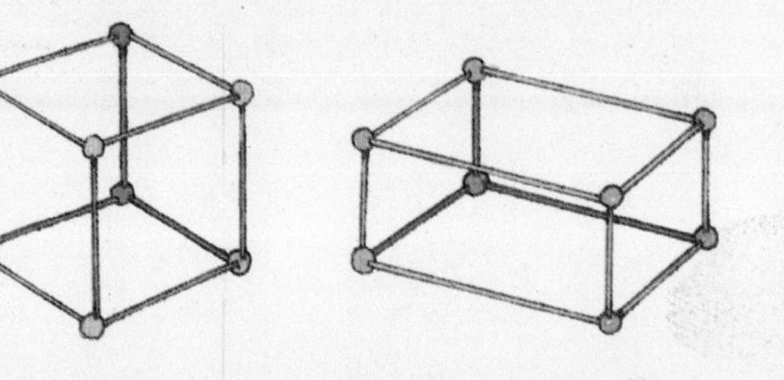

1 平行四边形的面积

◉ 面积的求法

喜欢算术的国王发出布告说，谁能够正确地求出右图这块土地的面积，他就送给那个人一块同样大小的土地作为奖赏。少年卡西姆准备向这个难题发起挑战。请问卡西姆要怎么做才能赢得奖赏？

● 数小方格的数目求出面积

卡西姆的父亲说：“用绳子把土地划分成小方格就可以了。”

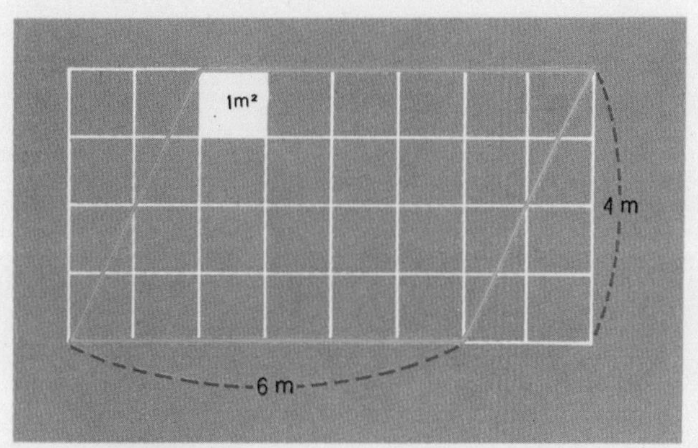

可是，这又不像长方形的面积那么好算，因为有半格的图形。卡西姆想了一会儿，终于想出一个好办法。请问他想到什么好办法？

两个一半的方格合起来，就是完整的方格了。所以，半个的方格数目只要除以2就可以，这就是卡西姆想到的好办法。

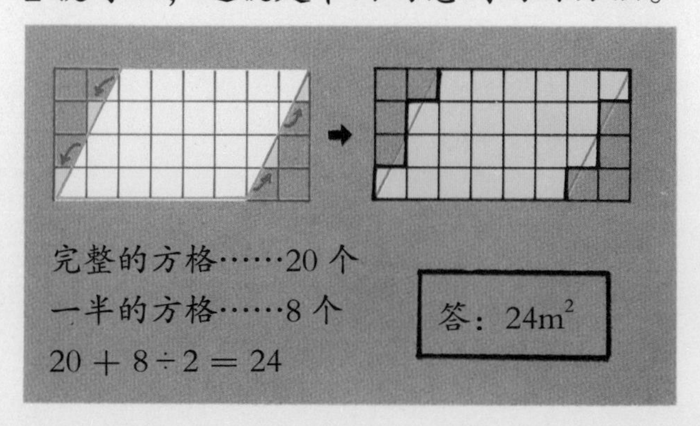

完整的方格……20个
一半的方格……8个
$20 + 8 \div 2 = 24$

答：$24m^2$

不过，卡西姆认为，应该用更简单的方法来求出这个图形的面积。

换成同等面积的长方形

于是，卡西姆就把平行四边形的一部分剪掉，经过移动后就变成下图的样子。

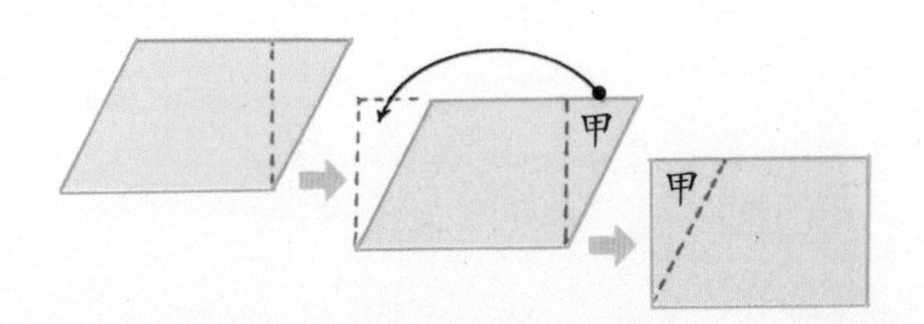

如上图，甲的部分照箭头方向一移动，平行四边形就变成了长方形。所以，只要知道这个长方形的长和宽，就可以求出平行四边形的面积。

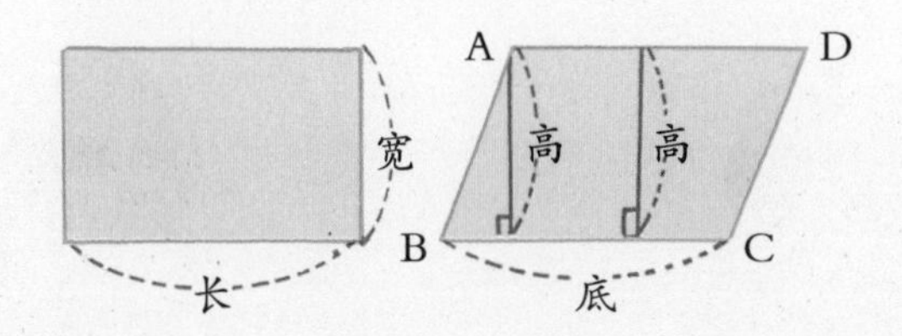

如上图，平行四边形的底和高就相当于长方形的长和宽。

平行四边形的面积=(底)×(高)

◆ **以 AB 边为底，高是多少？**

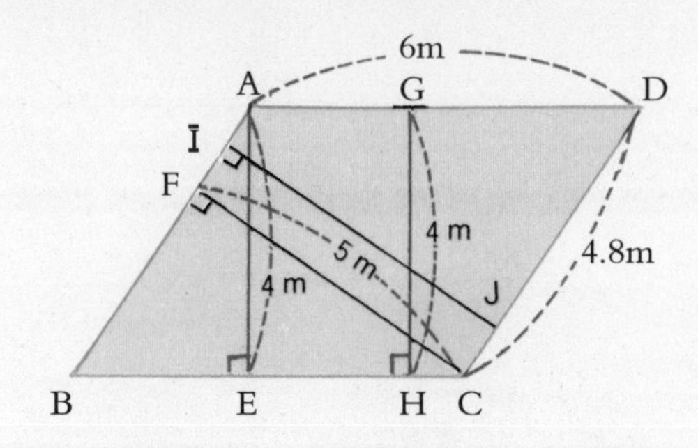

如上图，以 BC 边为底，那么，高就是 AE 或 GH。

$6\times4=24$　　24 m^2

学习重点

①平行四边形底和高的意义。

②想一想平行四边形面积的求法，以及求面积的公式。

另外，如果以 AB 边为底，高就是 CF 或 JI。$4.8\times5=24$　　24 m^2

所以，平行四边形的高，取决于平行四边形以哪个边为底。

查查看

卡西姆为了确定，是不是不论任何形状的平行四边形面积都可以用左边的公式求出来，于是，他就画了下面的图。

图的形状可以变成长方形，而且，相当于这个长方形的长和宽的，就是平行四边形的底和高。从这点证明，任何平行四边形都可以用左边的公式求得面积。

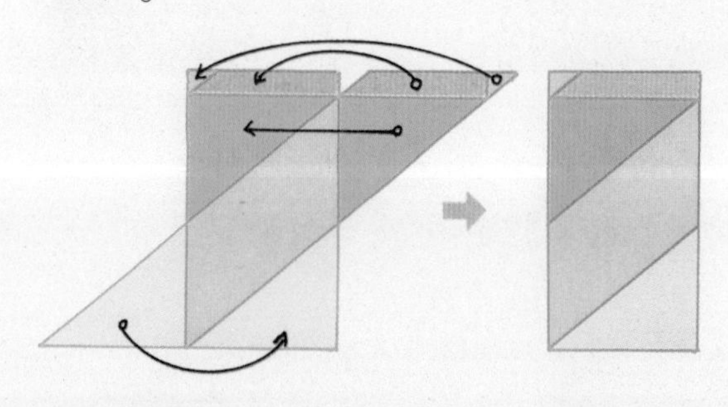

整理

(1) 任何平行四边形，底和高不换，形状都能换成长方形。

(2) 平行四边形的面积=（底）×（高）

(3) 不论以哪一边为底都能决定高。

2 梯形·菱形的面积

◉ 梯形面积的求法

少年卡西姆巧妙地解决了国王所提出来的难题，他得到一块土地作为奖赏，形状就像右图所示的梯形。这块土地的面积真的跟那个平行四边形的面积一样吗？想想看，右图这个梯形面积的求法。

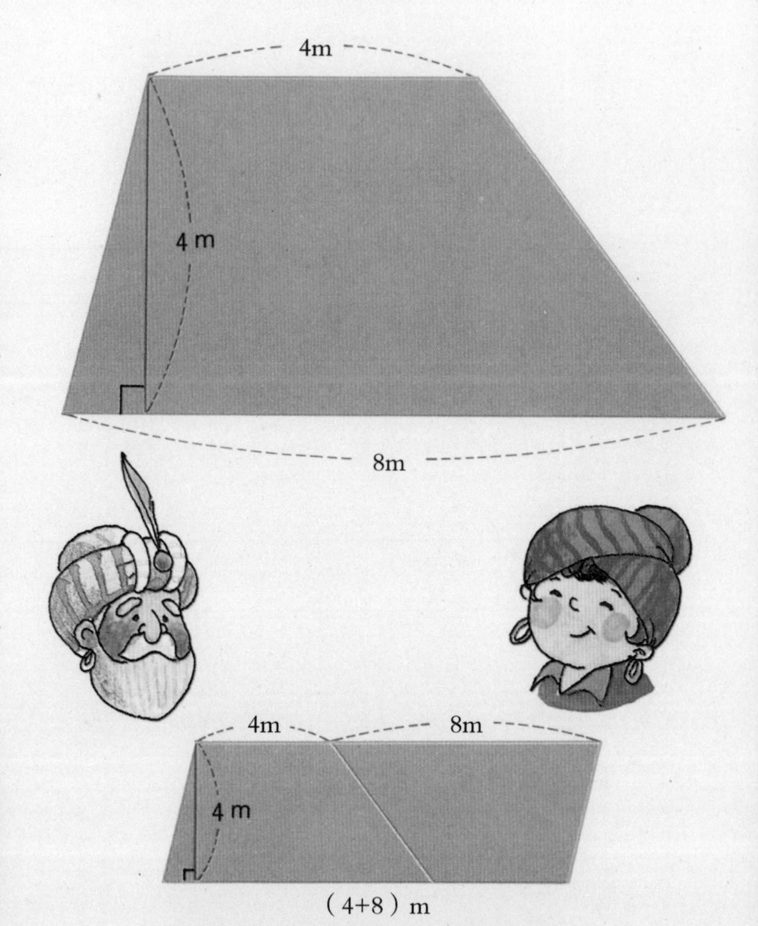

● 利用平行四边形面积的求法

像求平行四边形面积的时候一样，把剪下的部分移动，但还是没有办法组成一个长方形。

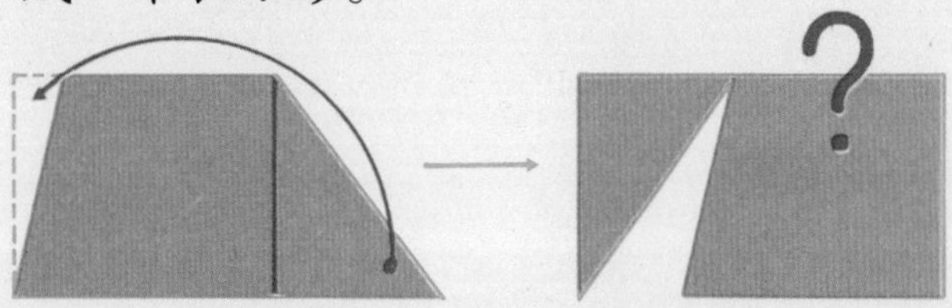

卡西姆忽然发觉，用2个同样形状的梯形一组合就会变成平行四边形。

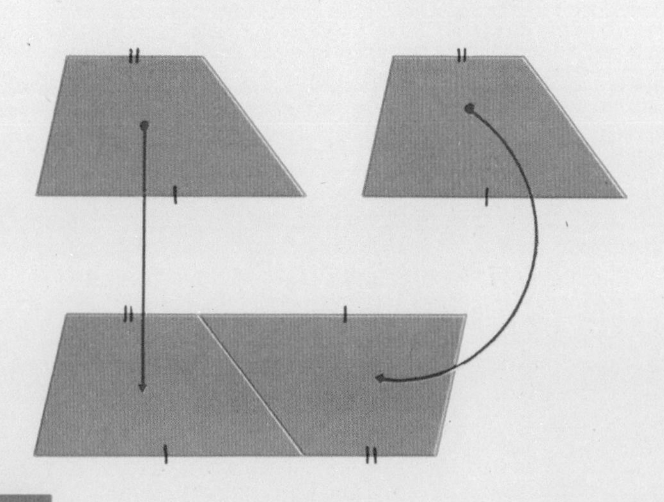

上面平行四边形的面积是

$(4+8)\times4=48$　　$48\ m^2$

对了。只要把上面平行四边形的面积二等分，就可以求出梯形的面积。

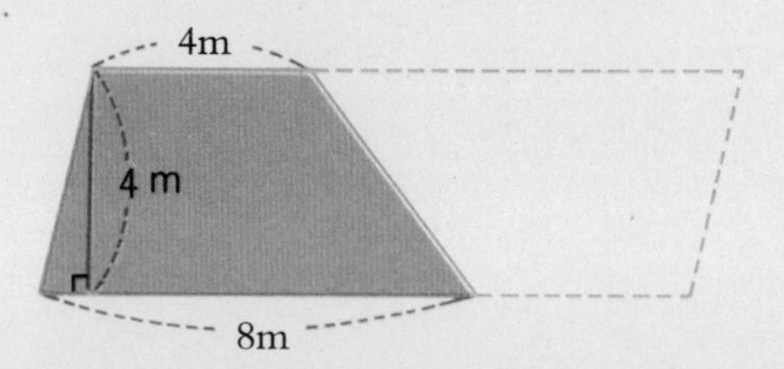

梯形的面积是 $(4+8)\times4\div2=24$

答：$24\ m^2$

◉ 梯形的面积公式

卡西姆想做一个求梯形面积的公式，这么一来，任何形式的梯形都能够很容易求出它的面积。

● 上底、下底……平行的 2 个边，一个为上底，另一个为下底。

● 高………… 上底跟下底垂直线的长。

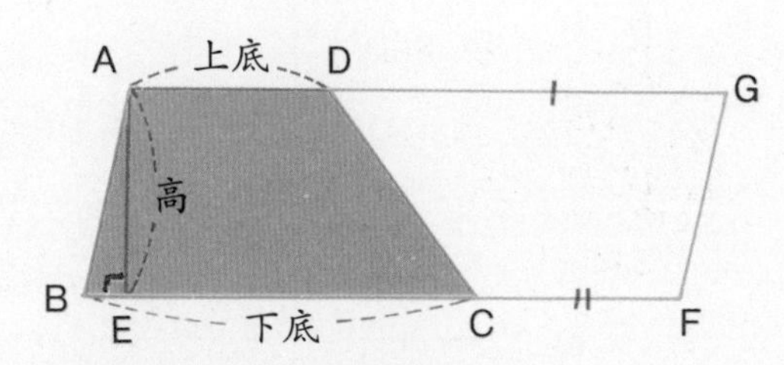

（梯形 ABCD 的面积）

＝（平行四边形 ABFG 的面积）÷ 2

＝（底 BF）×（高 AE）÷ 2

＝（上底 AD ＋下底 BC）×（高 AE）÷ 2

梯形的面积＝（上底＋下底）×（高）÷ 2

套用这个公式，计算一下卡西姆所得到的土地的面积。

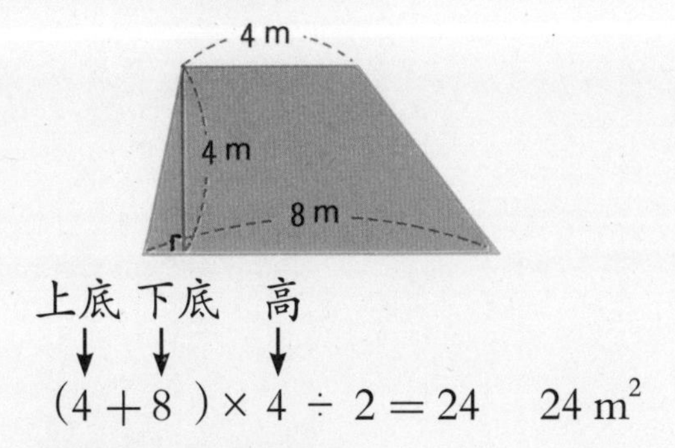

上底　下底　高

$(4+8)\times 4\div 2=24$　　$24\ m^2$

● 菱形的面积求法

想一想菱形面积的求法。

✱ **使用求平行四边形面积的公式。**

学习重点

① 梯形“上底”“下底”“高”的意义。
② 学习梯形面积的求法，以及求面积的公式。
③ 学习菱形面积的求法。

把下面的菱形当作是底 5 厘米、高 4.8 厘米的平行四边形。

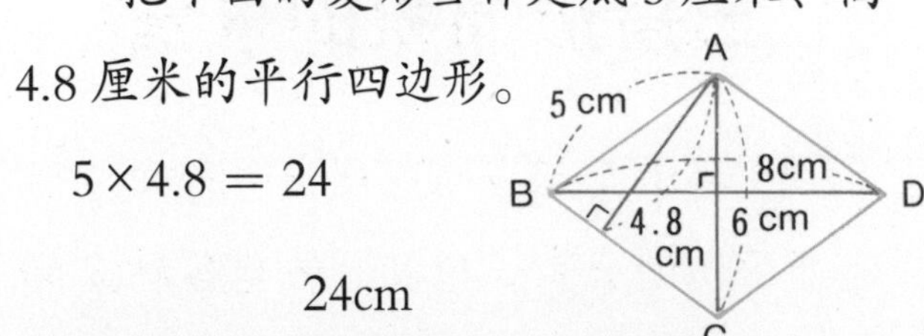

$5\times 4.8=24$

24cm

✱ 根据 2 条对角线的长求出面积。

（菱形 ABCD 的面积）

＝（长方形 EFGH 的面积）÷ 2

＝（对角线 AC）×（对角线 BD）÷ 2

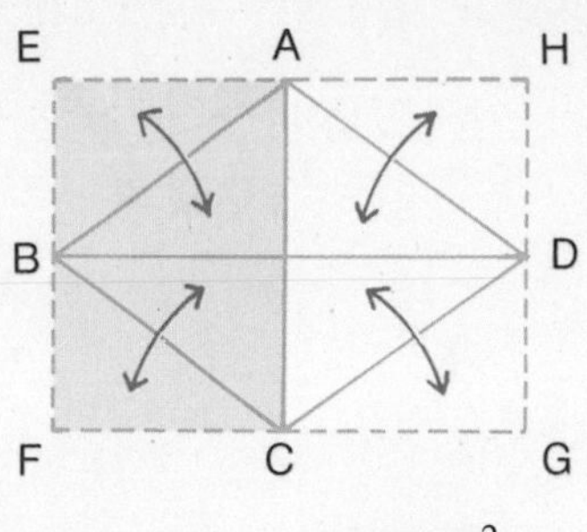

$6\times 8\div 2=24$　　$24cm^2$

整理

（1）求梯形的面积，只要把梯形换成由 2 个梯形组合而成的平行四边形就可以求出。

（2）梯形的面积＝（上底＋下底）× 高 ÷ 2

（3）求菱形的面积，只要把菱形看作是平行四边形就可以求出来。或是利用 2 条对角线的长也可以求出来。

菱形的面积＝（对角线）×（对角线）÷ 2

3 三角形的面积

三角形面积的求法

少年卡西姆成功地求出平行四边形和梯形面积的公式，所以，他想各种三角形的面积应该同样可以求出来。我们也一起来想想看。

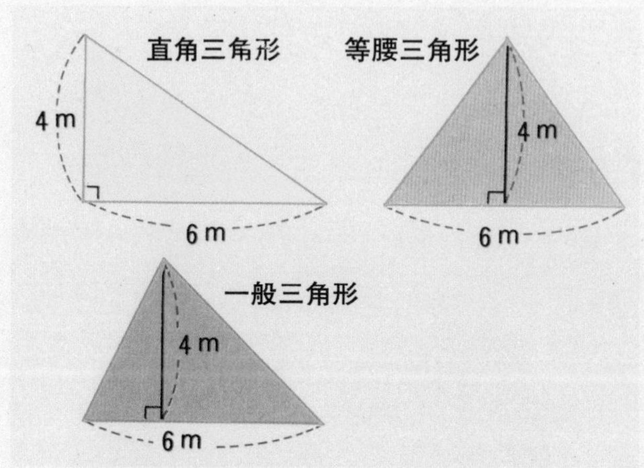

● 把形状换成长方形（平行四边形）

直角三角形——把夹有直角的任一边二等分，将三角形换成长方形，就可以求出面积。

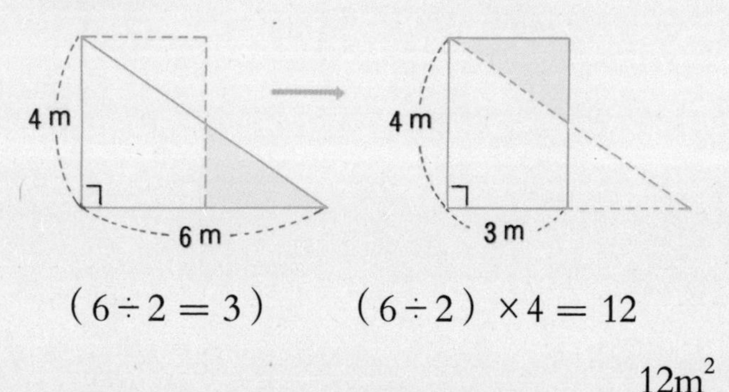

（6÷2＝3）　（6÷2）×4＝12

12m²

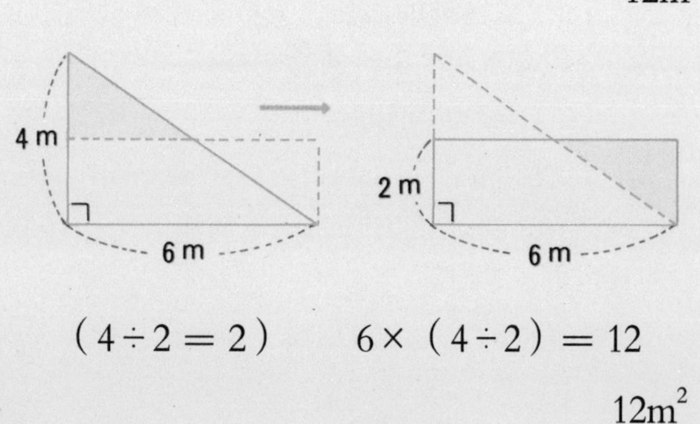

（4÷2＝2）　6×（4÷2）＝12

12m²

很容易就可以求出面积。

等腰三角形——跟直角三角形一样，只要把形状换成长方形或平行四边形就可以求出面积。

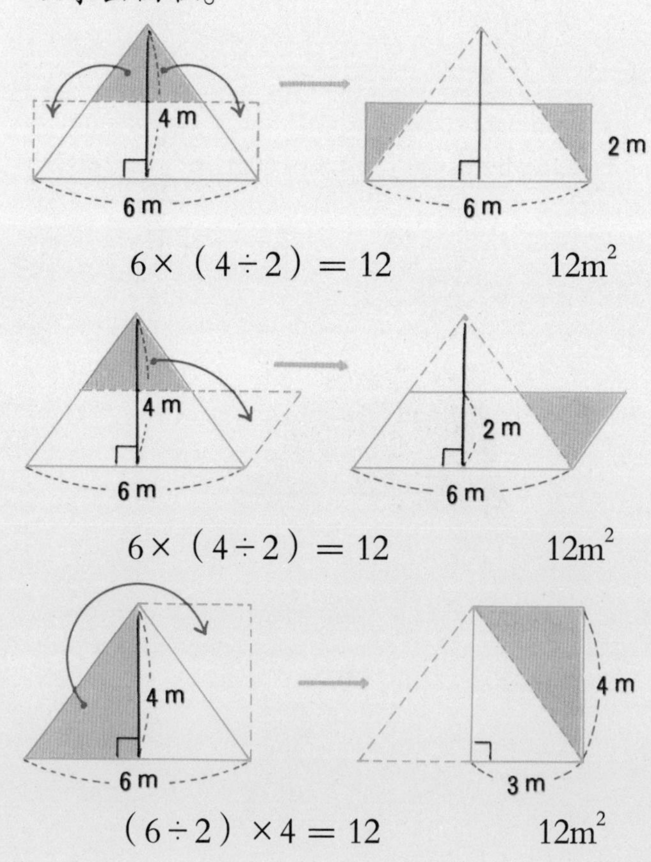

6×（4÷2）＝12　12m²

6×（4÷2）＝12　12m²

（6÷2）×4＝12　12m²

研究面积的求法

一般的三角形也可以进行同样的考虑。看看卡西姆所画的图，想一想一般三角形面积的求法。

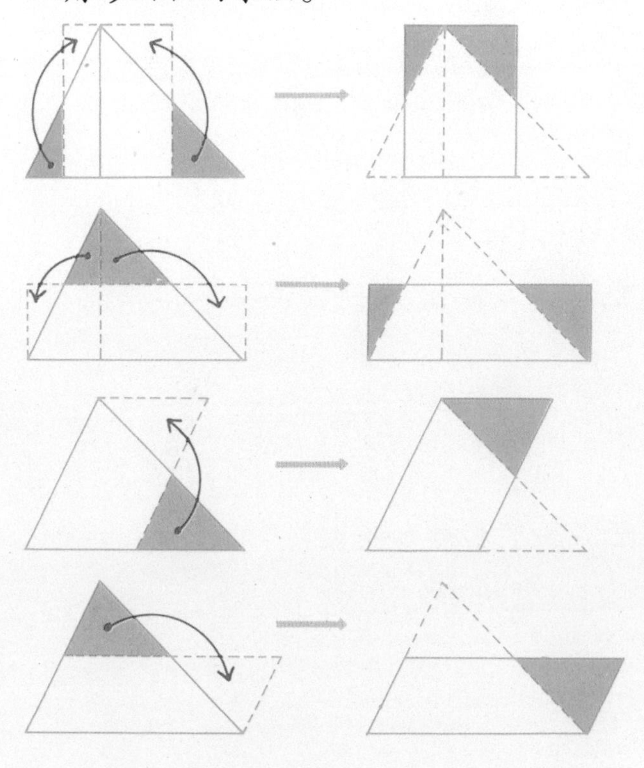

想出梯形面积求法的卡西姆，跟求梯形面积的时候一样，他又想到利用2个合并三角形求面积的方法。

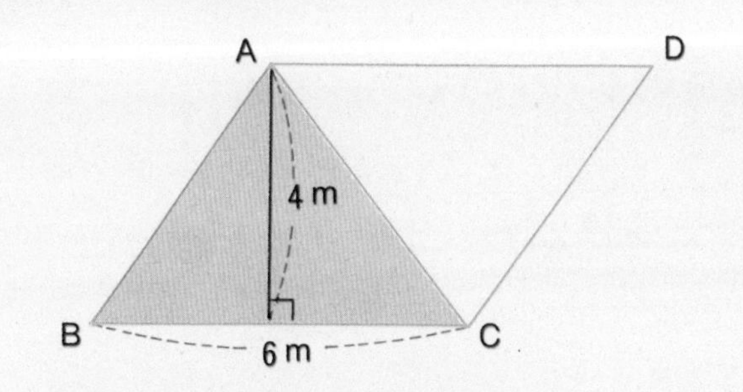

平行四边形 ABCD 的面积

$6\times4=24$ $24m^2$

三角形 ABC 的面积

$(6\times4)\div2=12$ $12m^2$

学习重点

①三角形底和高的意义。

②学习三角形面积的求法，以及求面积的公式。

③钝角三角形底和高的意义。

④钝角三角形的面积求法。

求三角形面积的公式

卡西姆以平行四边形面积的求法为基础，考虑求三角形面积的公式。

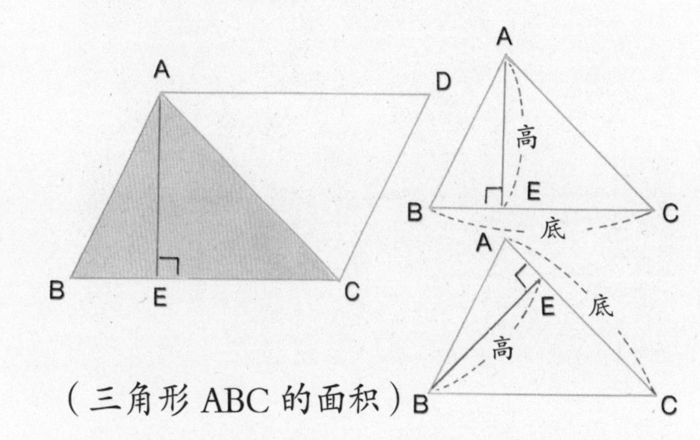

（三角形 ABC 的面积）

=（平行四边形 ABCD 的面积）÷2

=（底边 BC）×（高 AE）÷2

三角形也是只要决定底边，就能确定高。

三角形的面积=（底）×（高）÷2

（1）求三角形的面积，不用改变图形大小，只要把形状换成长方形或平行四边形就可以求出来。

（2）将两个三角形组合成一个平行四边形，也可以求出三角形的面积。

（3）三角形的面积=（底）×（高）÷2

钝角三角形面积的求法

国王提拔卡西姆做管家，并且要他测量国王所拥有的许多土地的面积。

可是，有一天，当卡西姆调查下图这块土地的面积时，却大伤脑筋。因为这个三角形是他以前从没有碰到过的。想一想，卡西姆该怎么办？

◆ 甲这种三角形的底边和高是多少？

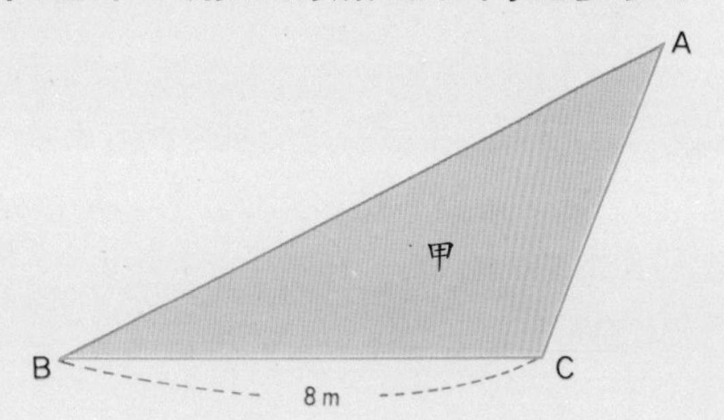

卡西姆苦恼的是，像甲这种三角形，如果把BC边当作底边，那么，它的高在哪里呢？把AC边当作高又有点奇怪，因为AC边和BC边并没有垂直啊。

“对了！”卡西姆叫了一声。

只要从顶点A，向底边BC的延长线拉一条垂直的直线AD，再把AD的长当作高就可以了。

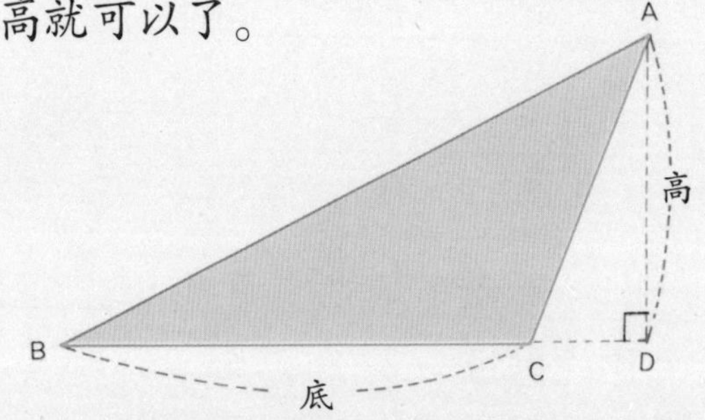

卡西姆立刻量了一下相当于高的直线AD的长度。直线AD的长度是5米。

可是，在这种情形下，能不能够使用三角形的面积公式呢？查查看。

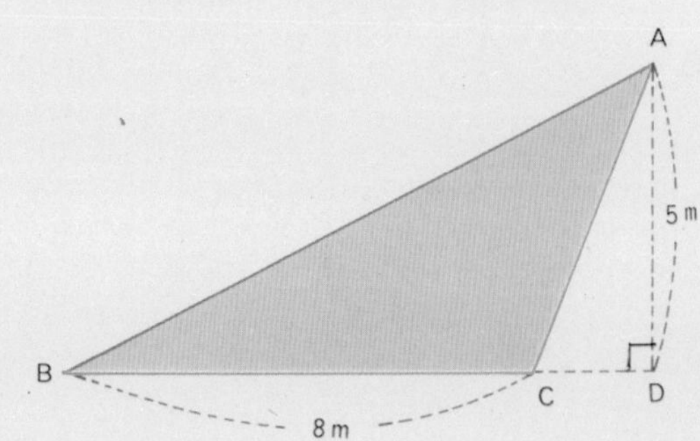

把形状变成平行四边形

查查看

首先，卡西姆把三角形剪成两部分，拼成平行四边形。

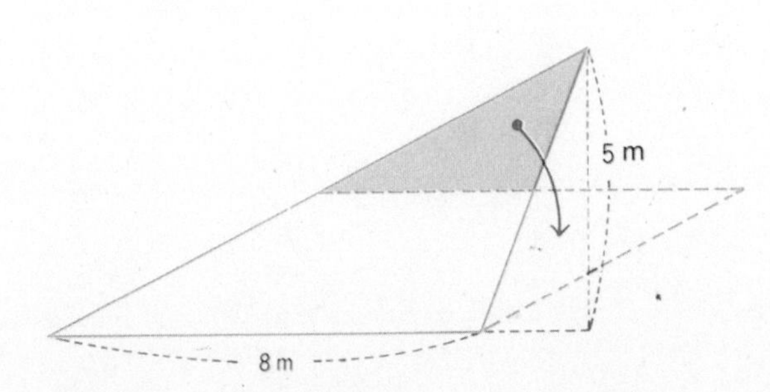

$8\times(5\div2)=20(m^2)$

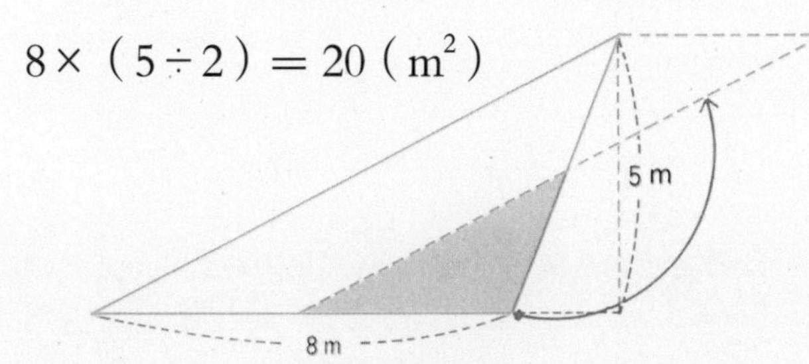

$(8\div2)\times5=20(m^2)$

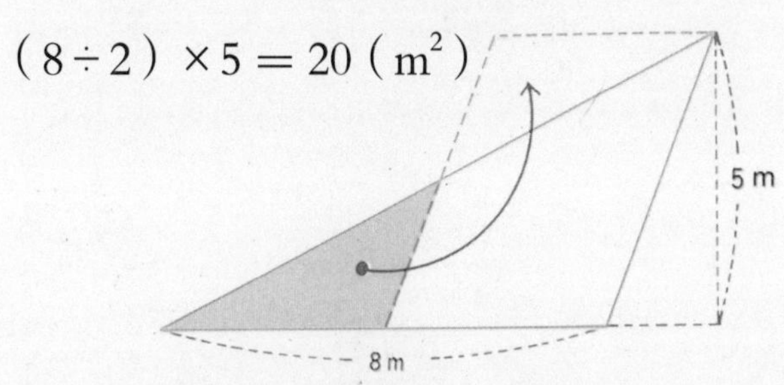

$(8\div2)\times5=20(m^2)$

接着，把2个合并的三角形组合，变成一个平行四边形。

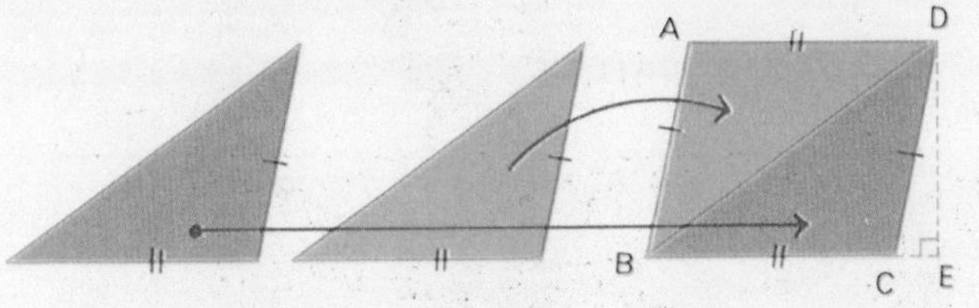

底边BC乘上高DE，就是平行四边形ABCD的面积。然后再除以2，就可以求出三角形DBC的面积。

像这种三角形，也可以使用下面的公式。

（三角形的面积）=（底）×（高）÷2

每个面积都会一样吗？

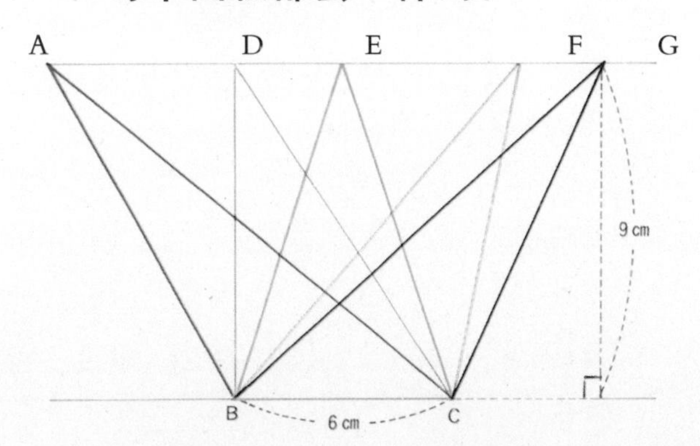

上图中，以BC为底边的5个三角形，面积全都相等。

2条平行线之间的距离是9厘米，这就是各三角形的高。底边的长通通是6厘米，所以，每个三角形都可以用下面的算式求出面积。

$6\times9\div2=27(cm^2)$ 每个三角形的面积都是$27cm^2$。

（1）下面的三角形，如果以BC边为底边，高就是直线AD的长。

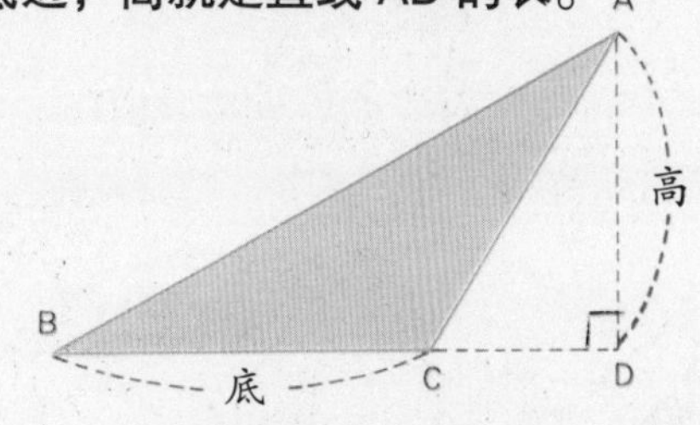

（2）任何三角形，都可以用以下的公式求出它的面积。

三角形的面积=（底）×（高）÷2

4 三角形和四边形的面积

整理

1 三角形的面积

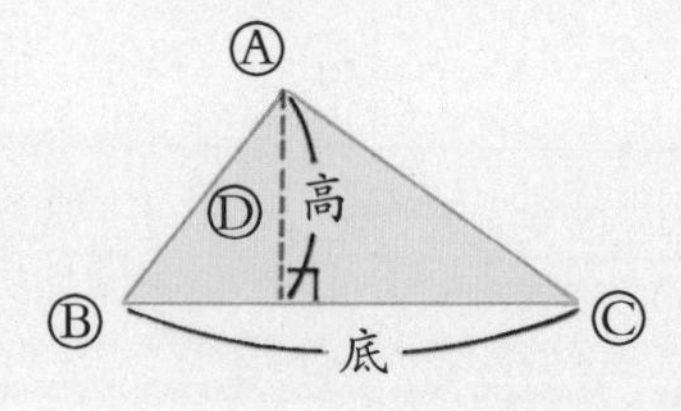

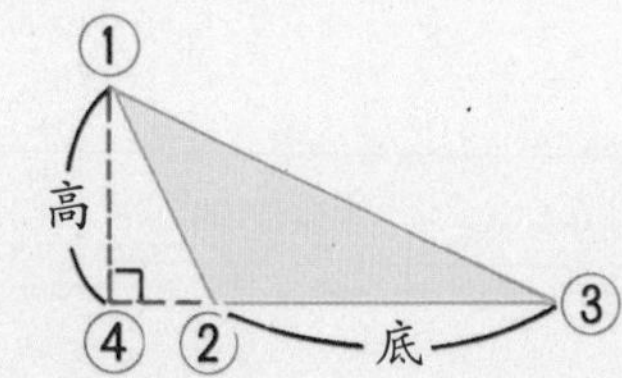

在三角形ⒶⒷⒸ中，如果把ⒷⒸ当作底，ⒶⒹ就是三角形的高。在三角形①②③中，如果把②③当作底，①④就是三角形的高。

三角形的面积＝底 × 高 ÷2

2 各种四边形的面积

（1）平行四边形

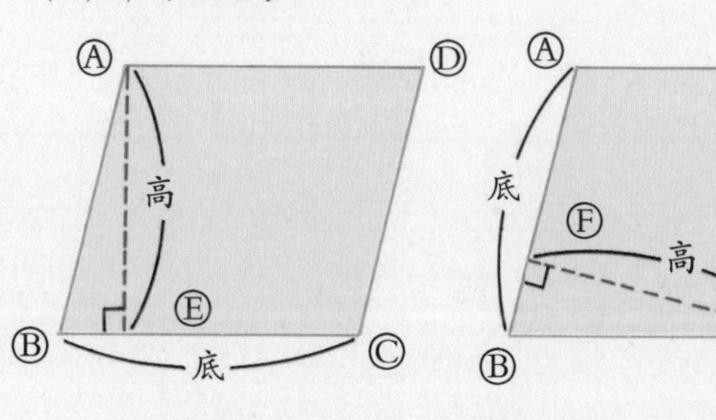

如果把ⒷⒸ当作底，ⒶⒺ就是高。如果把ⒶⒷ当作底，ⒸⒻ就是高。

平行四边形的面积＝底 × 高。

试试看，会几题？

1 把3根旗子按照顺序用直线连接起来就得到一个三角形的池塘。这个池塘的面积是多少平方米？

2 油漆匠正在油漆房子的外表。房子外表的屋顶面积比墙壁部分的面积大多少平方米？

（2）梯形

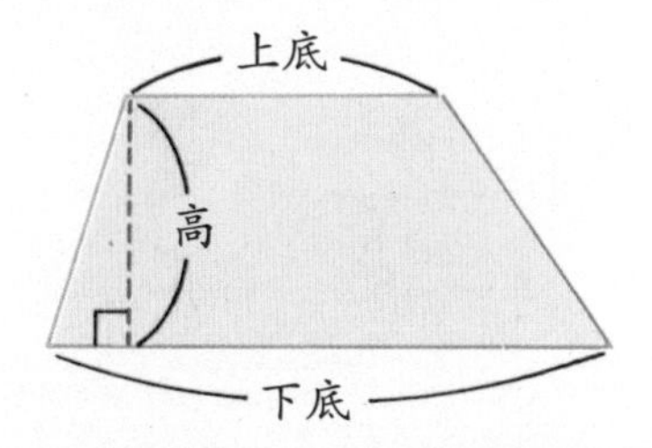

2个全等的梯形可以合成1个平行四边形。

梯形的面积＝（上底＋下底）× 高 ÷2

（3）菱形

菱形的面积可以利用平行四边形的公式求得，此外，还可以用下列的式子求出。

菱形的面积＝对角线① × 对角线② ÷2

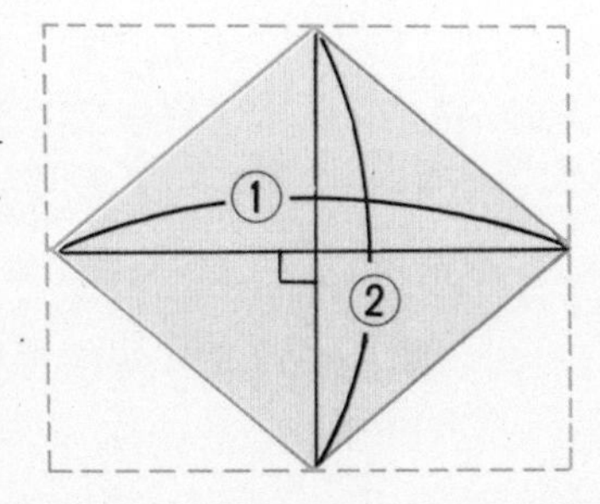

3 多边形的面积

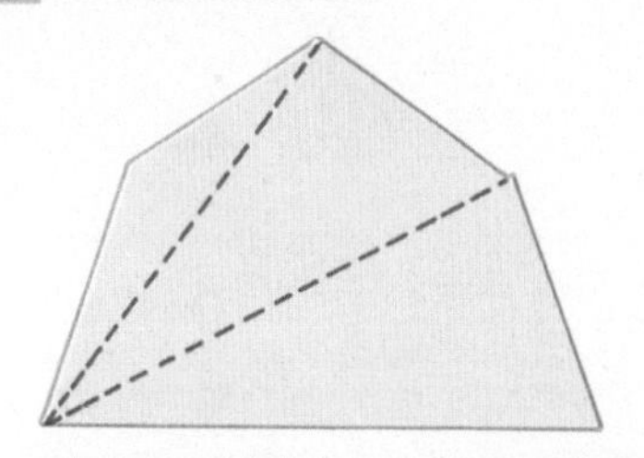

多边形的面积可以由下列方法求得。

（1）把多边形分割成数个三角形。把多边形的边数减2，就是所能分割的三角形数目。

（2）求出各个三角形的面积。

（3）求出三角形的面积总和。三角形面积的总和就是多边形的面积。

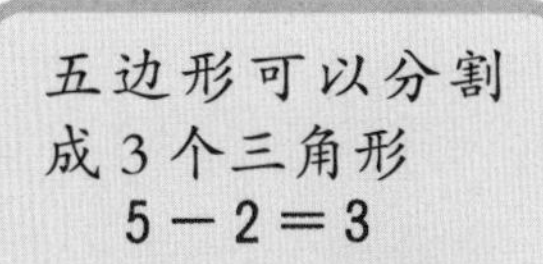

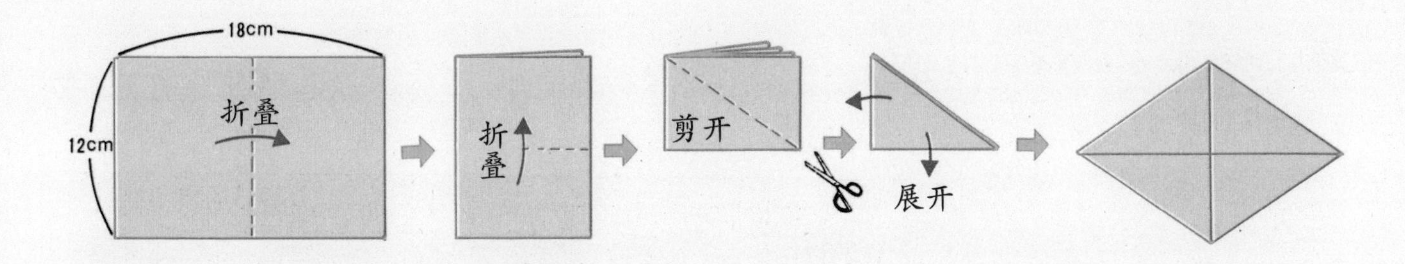

3 把长18厘米、宽12厘米的长方形纸按照上图折叠后裁剪成菱形。这个菱形的面积是多少平方厘米？

4 右图是一块多边形的田地，这块田地的面积是多少平方米？

18m
8m
17m

5 下图是一块平行四边形的土地。③⑥的长度是多少米？

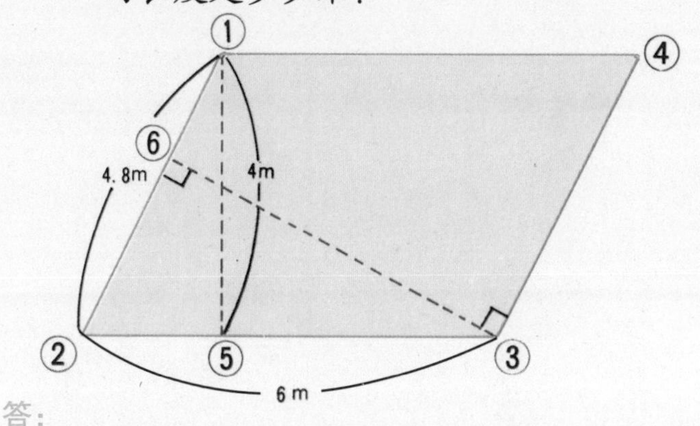

答：
1 $30m^2$　2 $0.4m^2$　3 $108cm^2$　4 $225m^2$　5 $5m^2$

解题训练

■间接求面积的应用题

1

在边长8厘米的正方形彩纸上取①、②、③3个点。由①、②、③3点连成的三角形面积是多少平方厘米?

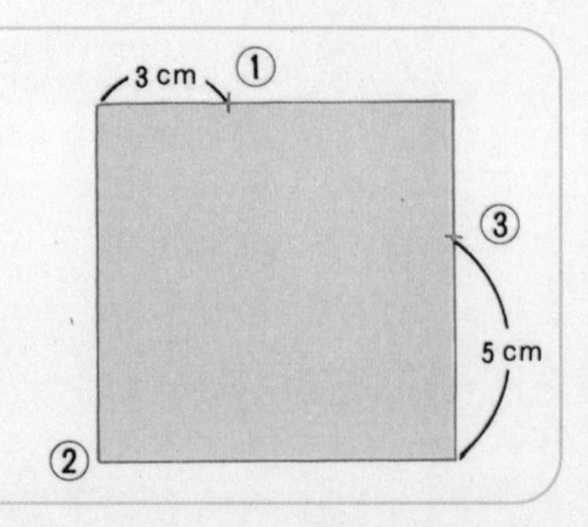

◀提示▶

先求出周围3个三角形的面积。

● 解法

正方形的面积减去周围3个三角形的面积，剩余的面积就是三角形①②③的面积。

Ⓐ三角形的面积∵$8\times3\div2=12$（平方厘米）

Ⓑ三角形的面积∵$8\times5\div2=20$（平方厘米）

Ⓒ三角形的面积∵$3\times5\div2=7.5$（平方厘米）

$8\times8-(12+20+7.5)=24.5$

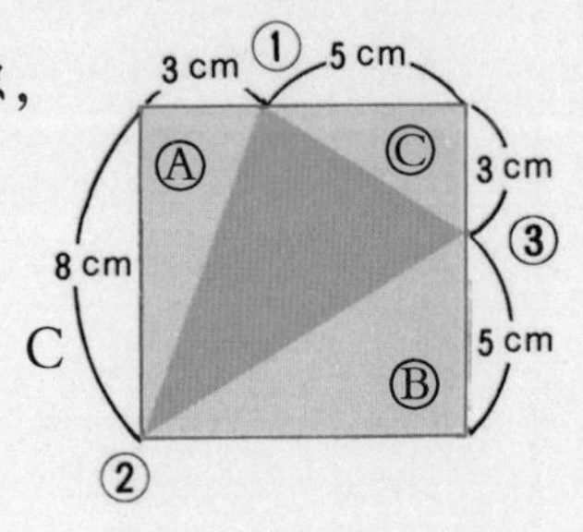

答：24.5平方厘米

■由底与高的比例求面积的比例

2

方格纸上画了许多平行四边形，请按照面积的大小顺序把平行四边的编号写出来。

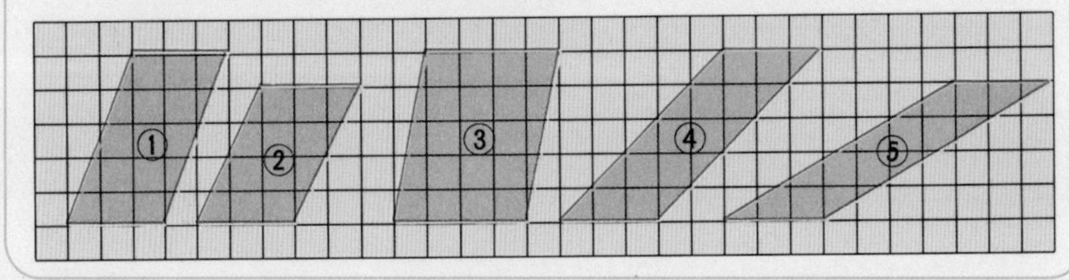

◀提示▶

由底与高的比例求面积的比例。

● 解法

平行四边形的面积=底×高，如果知道底与高的比例，就能知道面积的比例。

①是$3\times5=15$，②是$3\times4=12$

③是$4\times5=20$，④是$3\times5=15$

⑤是$3\times4=12$

答：③、{①和④}、{②和⑤}

①和④的关系：底和高均相等，所以面积也相等。

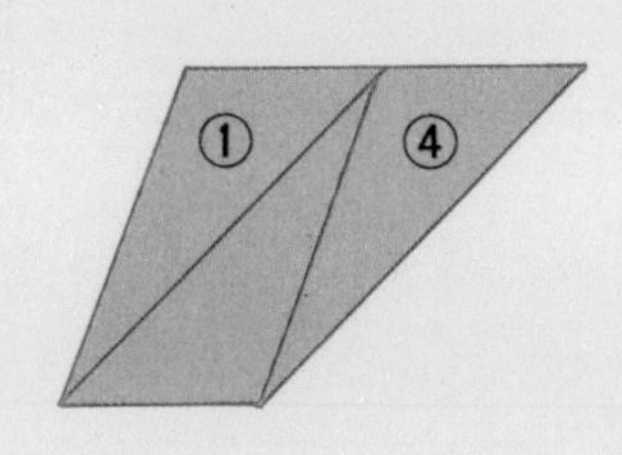

把梯形分割成三角形再做计算

3

梯形花圃ⒶⒷⒸⒹ的面积是35平方米。利用对角线ⒷⒹ把花圃分割成2个三角形，并在三角形ⒶⒷⒹ种植郁金香。种植郁金香的土地面积是多少平方米？

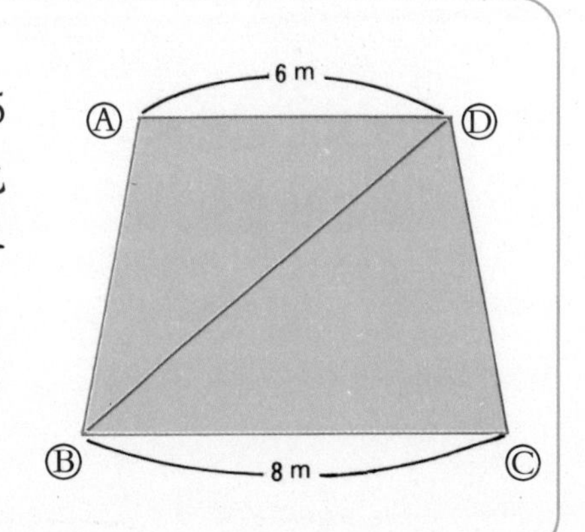

◀ 提示 ▶

如果把三角形ⒶⒷⒹ的ⒶⒹ边当作底，梯形的高和三角形的高相等。

● 解法

把三角形ⒶⒷⒹ的边ⒶⒹ当作底，三角形的高就是ⒺⒷ。ⒺⒷ也是梯形ⒶⒷⒸⒹ的高，假设ⒺⒷ的长度是χ米。

（6＋8）×χ÷2＝35　χ＝5（米）

因此三角形ⒶⒷⒹ的面积是

6×5÷2＝15　　答：15平方米

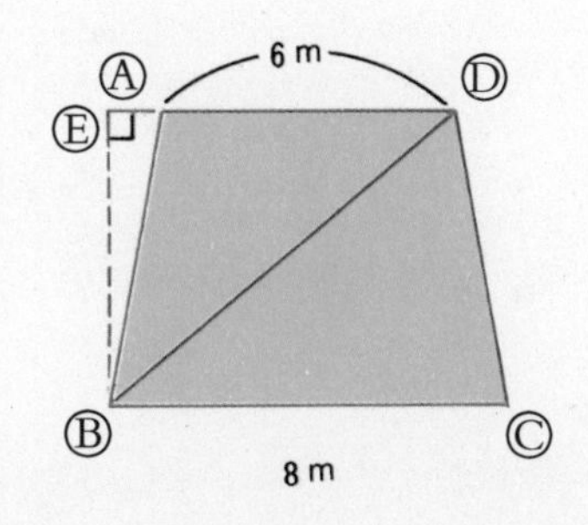

把图形面积平行移动再求解

4

右图是长30米、宽20米的长方形土地，土地上有2条道路。道路以外的土地面积是多少平方米？

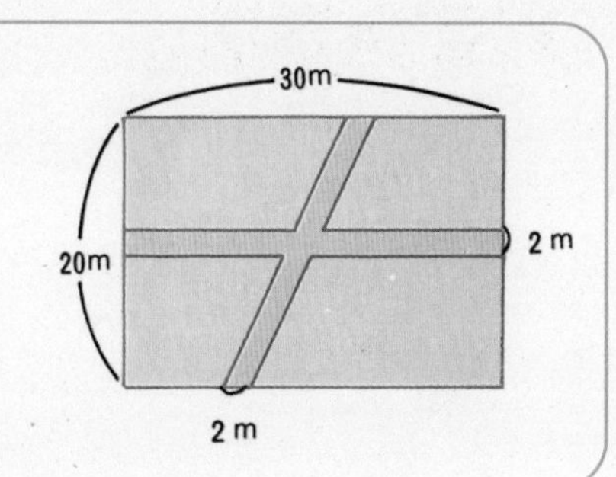

◀ 提示 ▶

当把道路移到土地的边上时会成为什么形状？

● 解法

先求出道路的面积，再从长方形土地的面积中减去道路的面积，便可求得本题的答案。下面则是另外的解题方法：

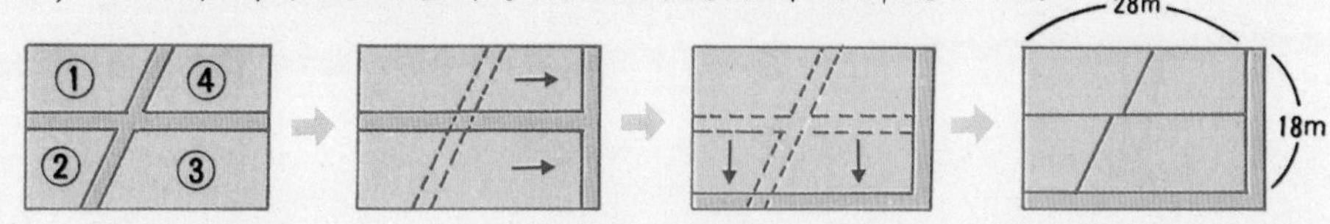

按照上图把原来的道路移到土地的两边，道路的面积依旧不变。由图可以看出，道路以外的面积可以当作是4块土地的组合。

（20－2）×（30－2）＝504

答：504平方米

1 把长方形土地依照下图的方式切割成2块。如果把2块土地变成小长方形且面积保持不变，可以从虚线的部位分割大的长方形。①②的长应该是多少米才恰当？

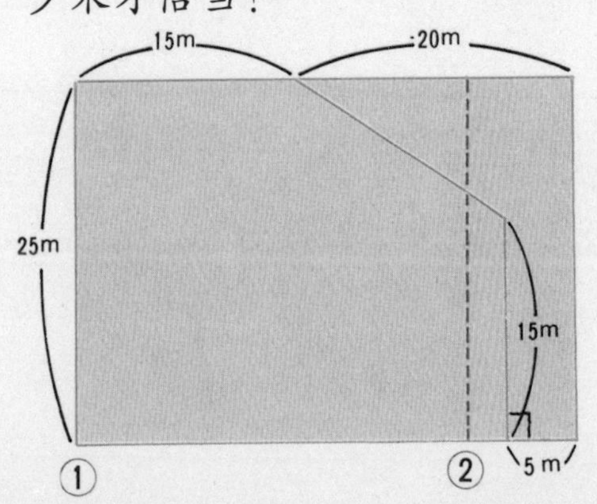

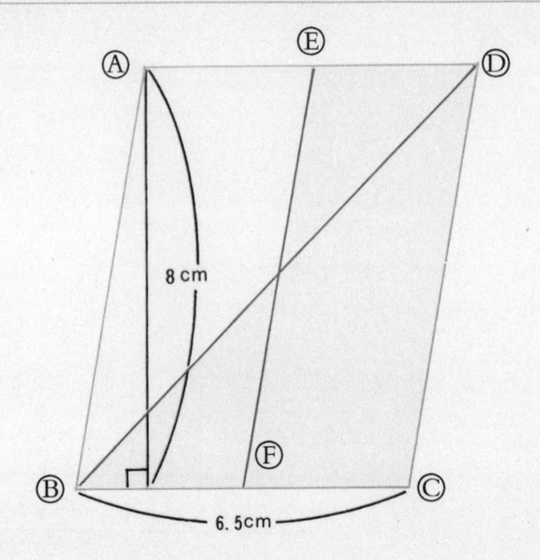

2 用2条直线把平行四边形分割成4个部分。Ⓔ和Ⓕ分别是Ⓐ Ⓓ与ⒷⒸ的中点。蓝色的梯形面积是多少平方厘米？

解答和说明

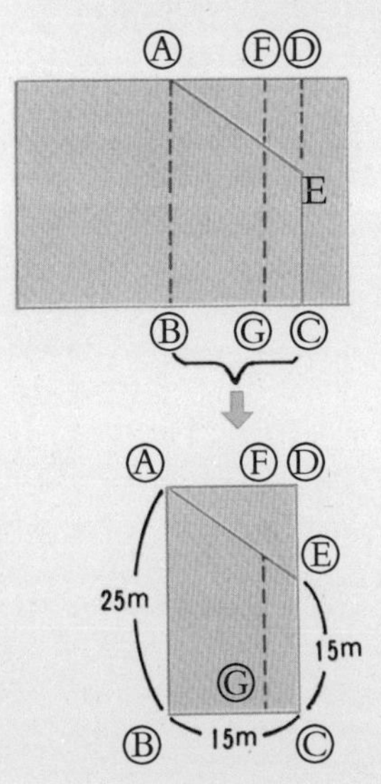

1 见左图。先计算2块土地互相交错的部分。梯形ⒶⒷⒸⒺ的面积和长方形ⒶⒷⒼⒻ的面积相等，因此可以求得ⒷⒼ的长度。

梯形ABCE的面积：

$(15+25)\times15\div2=300$，

把ⒷⒼ的长当作 χ 米，$25\times\chi=300$，$\chi=12$，所以①②的长度是 $15+12=27$

答：27 米

2 梯形的上底、下底以及高的长度均不详，所以无法套用梯形公式求出梯形的面积。先把平行四边形划分成右图的形状。因为8个三角形的大小全部相同，所以每个三角形的面积是平行四边形面积的$\frac{1}{8}$。蓝色部分的面积是三角形的3倍。$6.5\times8\div8=6.5$

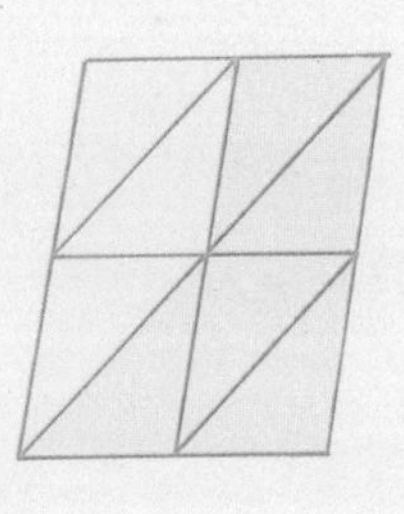

$6.5\times3=19.5$　　答：19.5 平方厘米

3 梯形ⒶⒷⒻⒺ和梯形ⒺⒻⒸⒹ的高与面积均相等，所以上底与下底的和也相等。ⒶⒺ＋ⒷⒻ＝ⒺⒹ＋ⒻⒸ，由此可知ⒶⒺ＋ⒷⒻ的长度是$(34+48)\div2=41$，即41 厘米。

3 下图ⒶⒷⒸⒹ是一个梯形。ⒶⒺ的长度是9厘米。如果在ⒷⒸ的直线上取一点Ⓕ，ⒺⒻ相连后会将梯形的面积二等分。ⒷⒻ的距离是多少厘米？

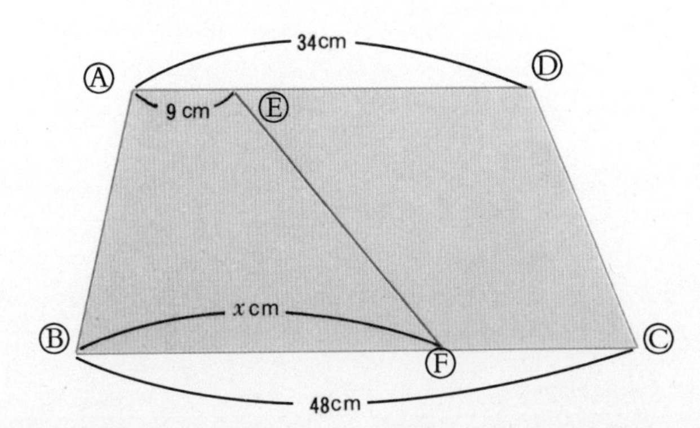

4 右图ⒶⒷⒸⒹ是一个梯形。Ⓔ点刚好为线ⒶⒷ的中点。求三角形ⒸⒹⒺ的面积。

5 下图三角形ⒶⒷⒸ的面积是12平方厘米。Ⓓ点位于ⒷⒸ的线上，Ⓓ点和Ⓒ点的距离是ⒷⒸ全长的$\frac{1}{4}$。Ⓔ点和Ⓑ点的距离是ⒶⒷ全长的$\frac{1}{3}$。绿色三角形ⒶⒺⒹ的面积是多少平方厘米？

因为ⒶⒺ的长度是9厘米，因此ⒷⒻ的长度是41－9＝32（厘米）。

答：32厘米

4 像右图一般经由Ⓔ点画一条ⒷⒸ的垂直虚线，三角形ⒷⒼⒺ和三角形ⒶⒺⒻ的形状与面积均相等。得知ⒼⒸ的长度之后便可求得三角形ⒺⒹⒸ的面积。

$(6+10)\div2\times8\div2=32$

答：32平方厘米

5

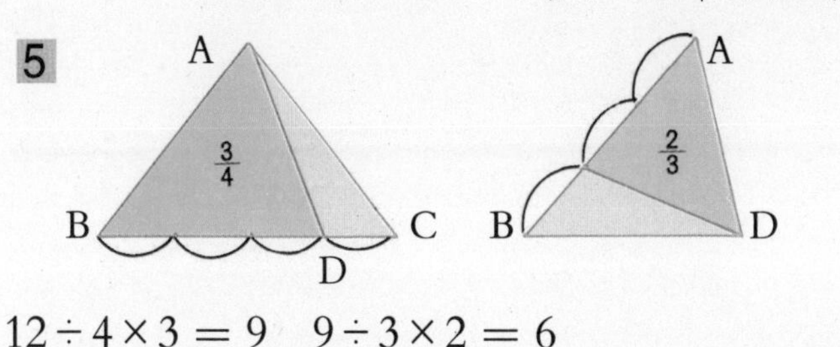

$12\div4\times3=9\quad 9\div3\times2=6$

答：6平方厘米

应用问题

1 右图是梯形ⒶⒷⒸⒹ，如图，梯形可由直线ⒶⒺ划分为2个面积完全相等的部分。ⒷⒺ的长应是多少厘米？

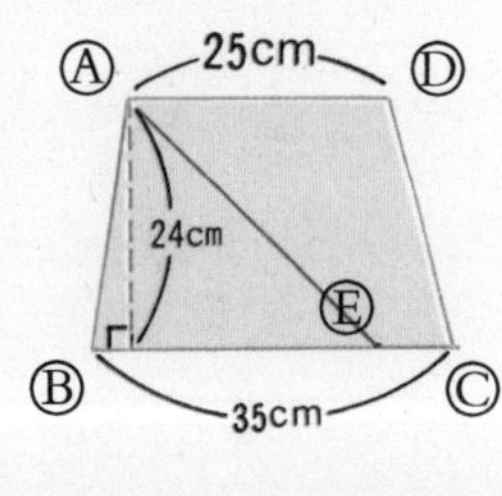

2 左边有一个平行四边形ⒶⒷⒸⒹ。ⒺⒻ分别为ⒶⒹ与ⒷⒸ线上的中点。褐色部分的面积是平行四边形面积的几分之几？

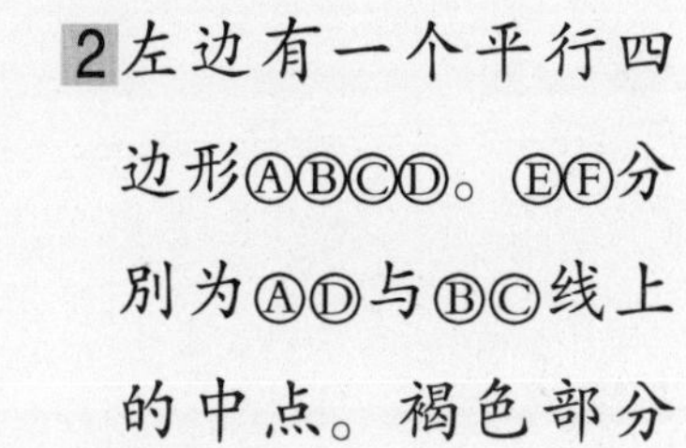

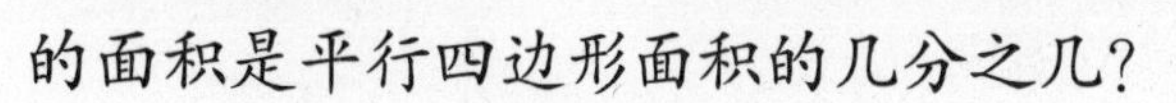

答：**1** 30厘米；**2** $\frac{1}{4}$。

5 多边形的面积

◉ 多边形面积的求法

按国王的命令测量土地面积的卡西姆，还有一个难题等待他解决。这块土地的形状如下图，因为没有办法套用前面的任何公式，所以，卡西姆很伤脑筋。

而且，像五边形或六边形那种复杂形状的土地面积求法也都还没有解决。

卡西姆应该怎么办呢?

● 变成长方形或平行四边形

卡西姆心想，能不能把这个四边形变成长方形呢?

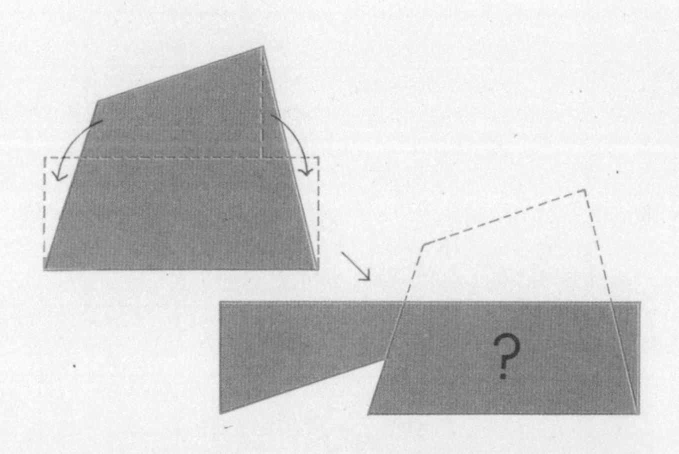

虽然他画了好多种方案，可还是没办法。看样子，这个四边形没有办法变成长方形。

变成长方形的努力失败后，卡西姆又考虑把它变成平行四边形。

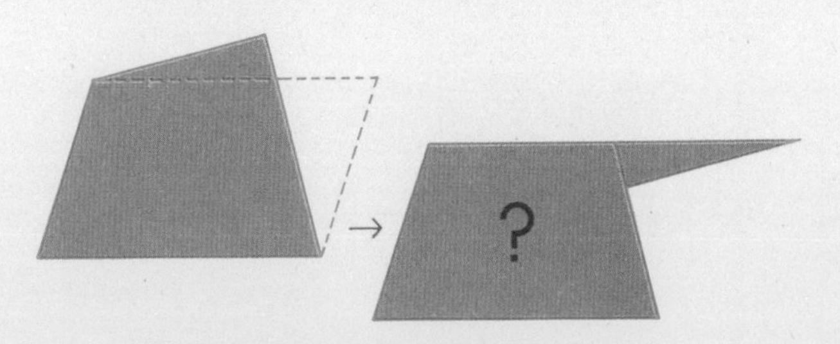

这个尝试似乎也失败了。

于是，他想:能不能把它拼成一个三角形呢?

结果还是不行。卡西姆实在没有办法了。

考虑分成三角形

学习重点

①学习多边形面积的求法。
②学习分成三角形时，长度的量法。

这天，卡西姆无意中看到从四边形中画出来的一条对角线，于是，他又恢复了自信心。他要怎么做呢？

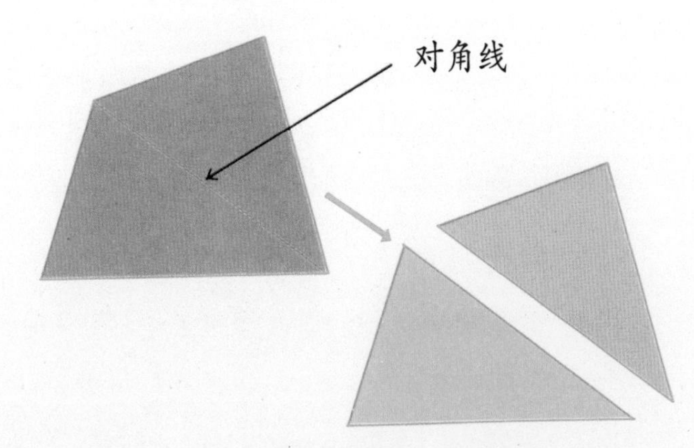

对了。用一条对角线，可以把这个四边形分割成 2 个三角形。

量出各三角形的底边和高，那么，各三角形面积的和就是四边形的面积。看看右图，整理一下这个四边形的面积求法。

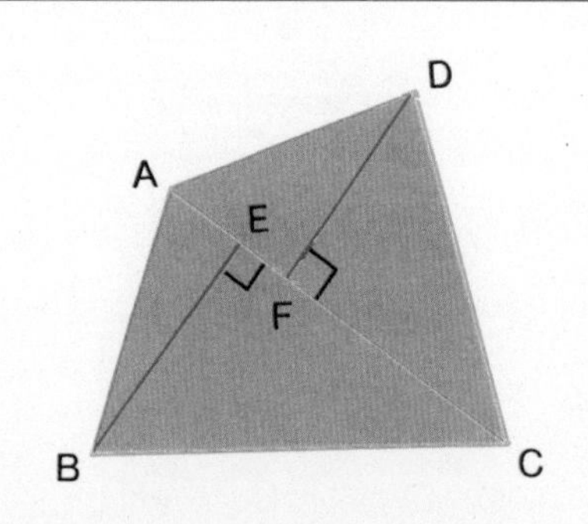

（三角形 ABC 的面积）
＝（底边 AC）×（高 BE）÷2
（三角形 DAC 的面积）
＝（底边 AC）×（高 DF）÷2
（四边形 ABCD 的面积）
＝（三角形 ABC 的面积）＋（三角形 DAC 的面积）

动脑时间

64 ＝ 65？

比较下图（1）（2），图（1）的正方形，格数是每边 8 个，所以 8×8 ＝ 64，一共是 64 格。现在用红线将这个正方形划分成 4 个部分，如果把它重新组合就变成图（2）。

可是，图（2）的长方形，长是 13 格，宽是 5 格，所以 13×5 ＝ 65，一共是 65 格，这么说 64 ＝ 65 啰？

现在，把它画在图上确定看看。

图（1）

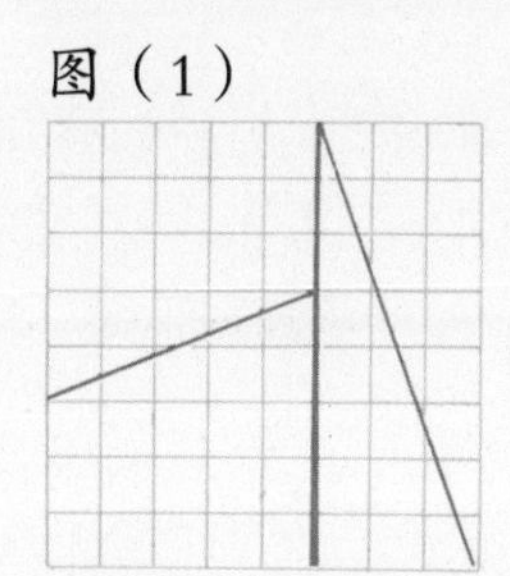

图（2）

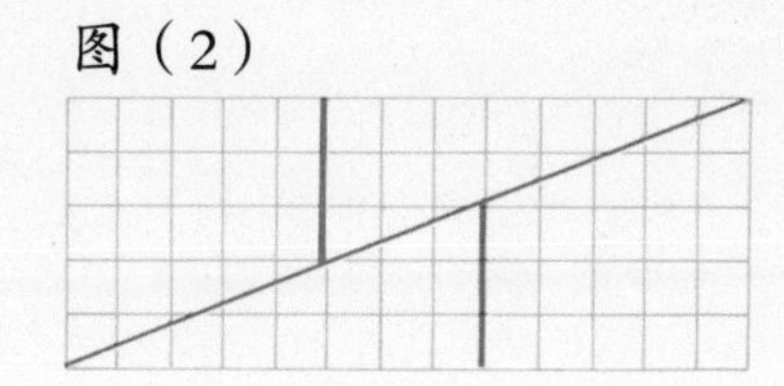

图（3）

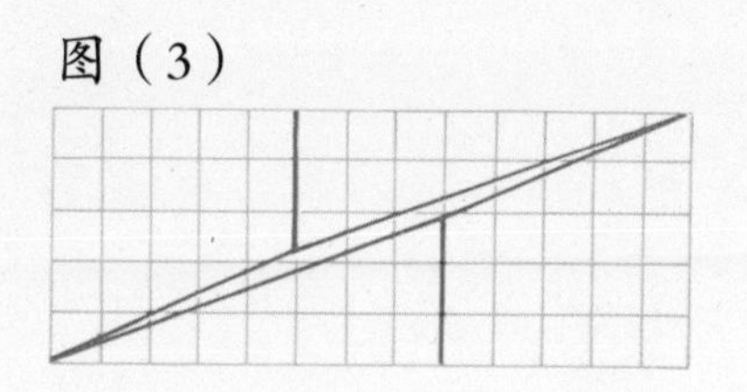

正中央是不是有点空隙？空隙的部分刚好等于一个方格。

求五边形或六边形的面积

五边形或六边形等多边形的面积也是同样的求法。

①画对角线，分成几个三角形。

②量出各三角形的底边长和高。

③求出各三角形的面积。

④各三角形面积的和，就是多边形的面积。

三角形的分法，如下图所示，分法很多，只要容易量出底边的长和高就可以。

尽量减少测量的地方

六边形可以分成4个三角形。为了求出六边形的面积，一定要量出各三角形的底边长和高2个地方，所以，一共需要量8个地方。

想想看

卡西姆希望找出测量次数最少就能解决问题的方法。他能够办得到吗？请看下图一起想想看。

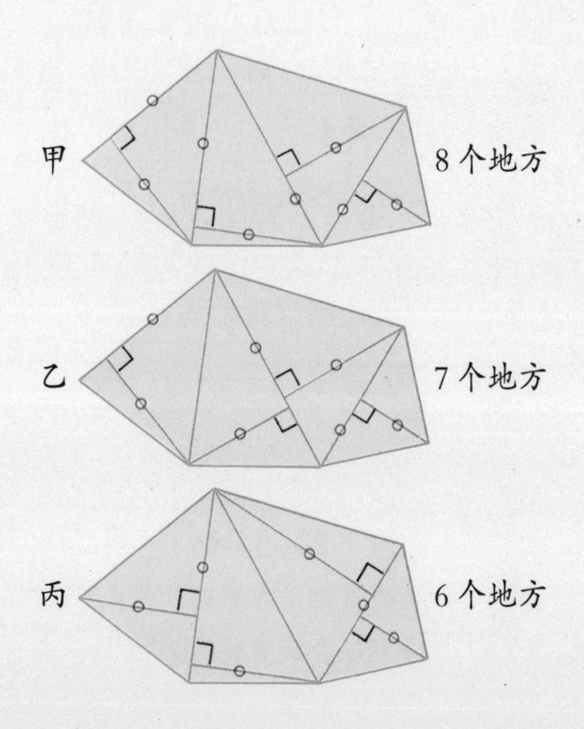

甲图中，虽然也能量出各三角形的底边长和高，可是丙图把每2个三角形编成一组，底边共用，所以，测量次数就减少了。

卡西姆认为，用丙的方法量比较好。

图形的智慧之源

面积不变形状变

面积不变，只变形状，用尺和圆规画出跟四边形面积相等的三角形。

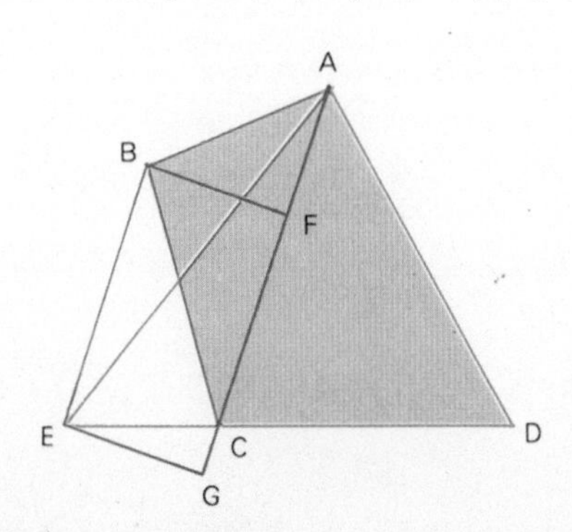

有一个如上图的四边形ABCD。请画出跟它面积相等的三角形。

①画对角线AC。

②沿边DC画延长线。

③从B画一条与对角线AC平行的线，跟CD延长线相交的点称为E。

④把A跟E连起来。

⑤新产生的三角形AEC，跟三角形ABC的面积相等。

三角形ABC的面积是：

（底边AC）×（高BF）÷2

另外，三角形AEC的面积是：

（底边AC）×（高EG）÷2

因为BE和AC平行，所以，BF和EG的长应该相等。

所以，三角形ABC的面积和三角形AEC的面积应该相等。

由于四边形ABCD可以分成三角形ABC和三角形ACD，而三角形ABC的面积与三角形AEC面积相等，所以四边形ABCD的面积与三角形AED相等。

这么说，也可以画一个跟下图五边形面积相等的三角形。四边形ABCD等于三角形AED，三角形AFD等于三角形AGD。所以四边形ABCD加上三角形AFD（即五边形ABCDF），等于三角形AED加上三角形AGD（即大三角形AEG）。

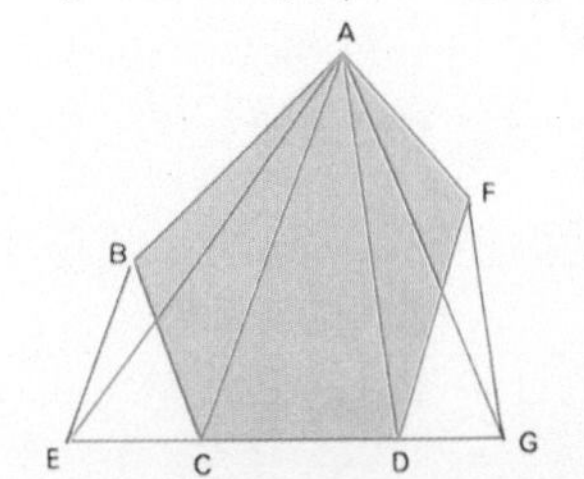

◆直角三角形中恰好可以容纳的圆的半径

下图的直角三角形，如果底边是30厘米，高是40厘米，侧边长50厘米，请问圆的半径是多少厘米？

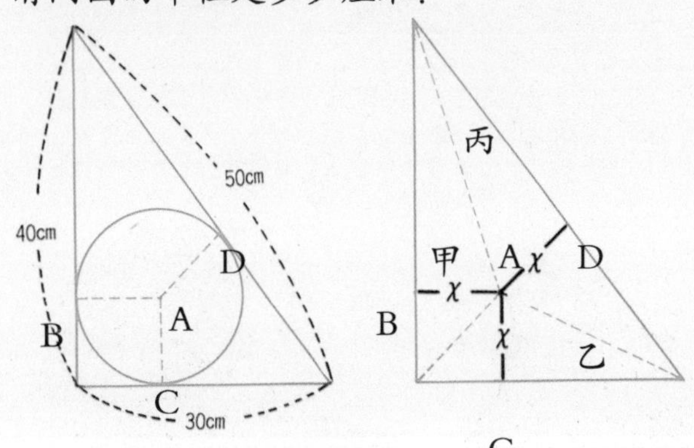

①三角形的面积是

$30\times40\div2=600$（cm^2）

把圆心跟3个顶点相连的话，会有甲乙丙3个三角形。甲乙丙三角形的高就是圆的半径。把它当作$x$cm的话，

②因为三角形的面积是甲＋乙＋丙，

所以（$40\times x+30\times x+50\times x$）$\div2$

$=120\times x\div2=60\times x$

由①和②知道　$60\times x=600$　$x=10$

答：圆的半径是10厘米

6 箱子的形状

◉面·边·顶点

海盗船遇到了暴风雨，在海里翻了船，结果有许多各种形状的箱子漂流到小岛上。

学习重点

①查查看箱子的面、边还有顶点。
②面的形状与数目，边的排列方法以及它的长度和顶点的数目。

✱ 箱子的四周称为面。

◆ 查查看边与顶点。

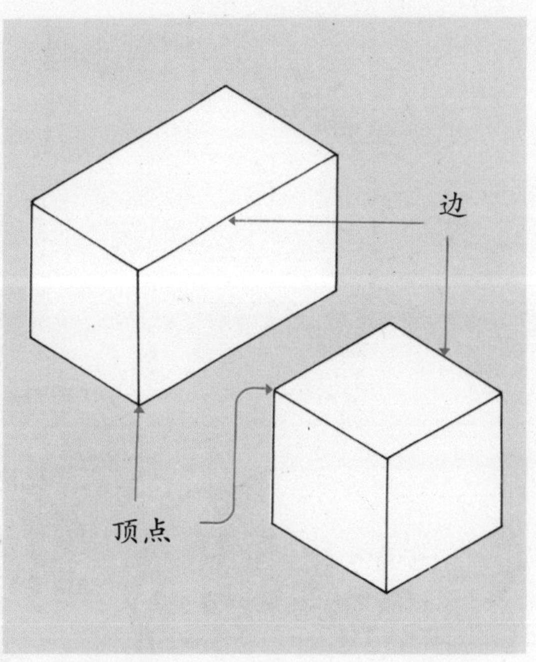

看看上图，记住它的边与顶点。

◉打开的形状

大家偷偷地把箱子拆开。

◆ 打开箱子，看看它是由什么样的面所组成的。

◆ 甲、乙两个箱子哪个打开来会跟下图的①一样？哪个会跟②一样？

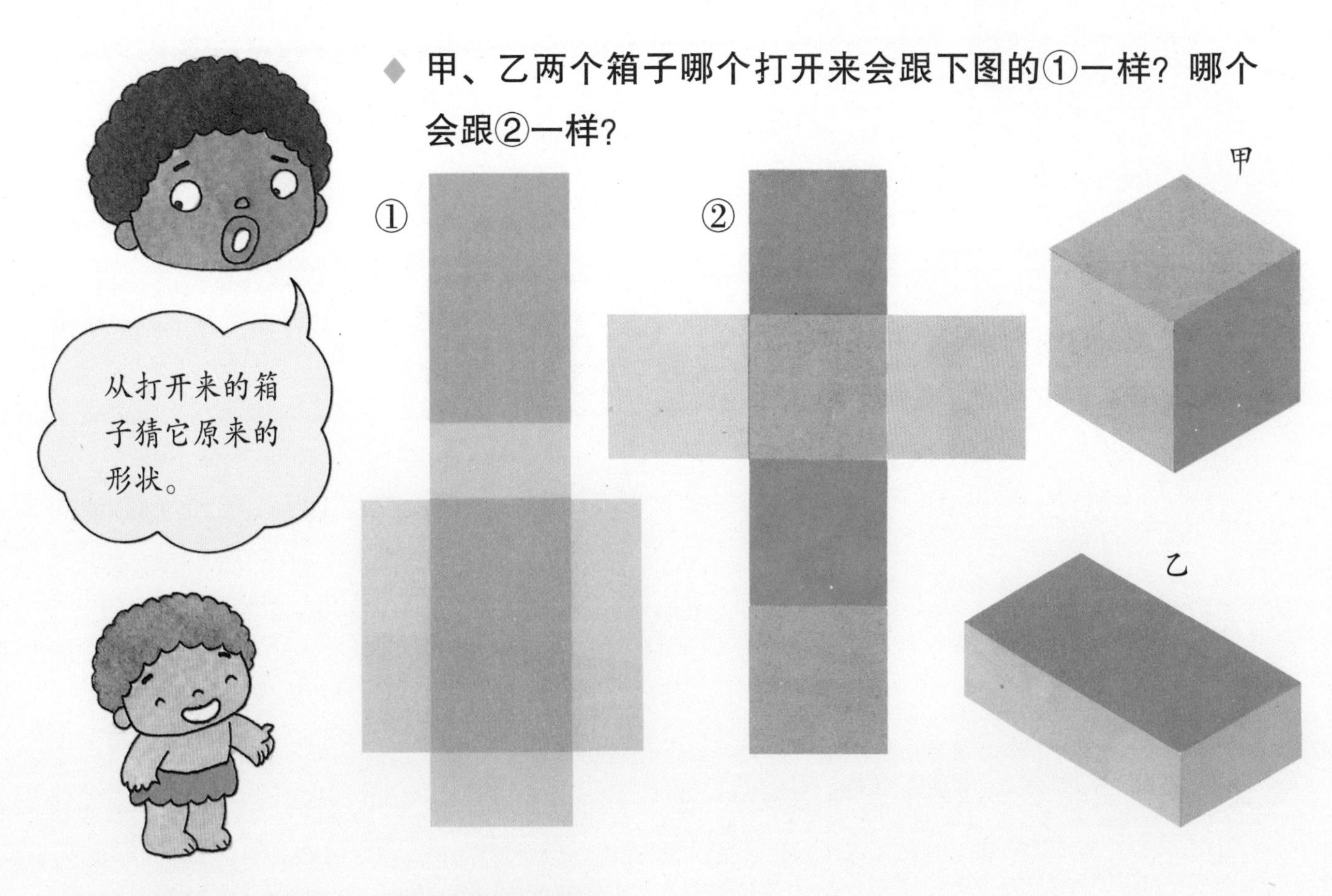

◆ 利用竹签和黏土，做出各种箱子。

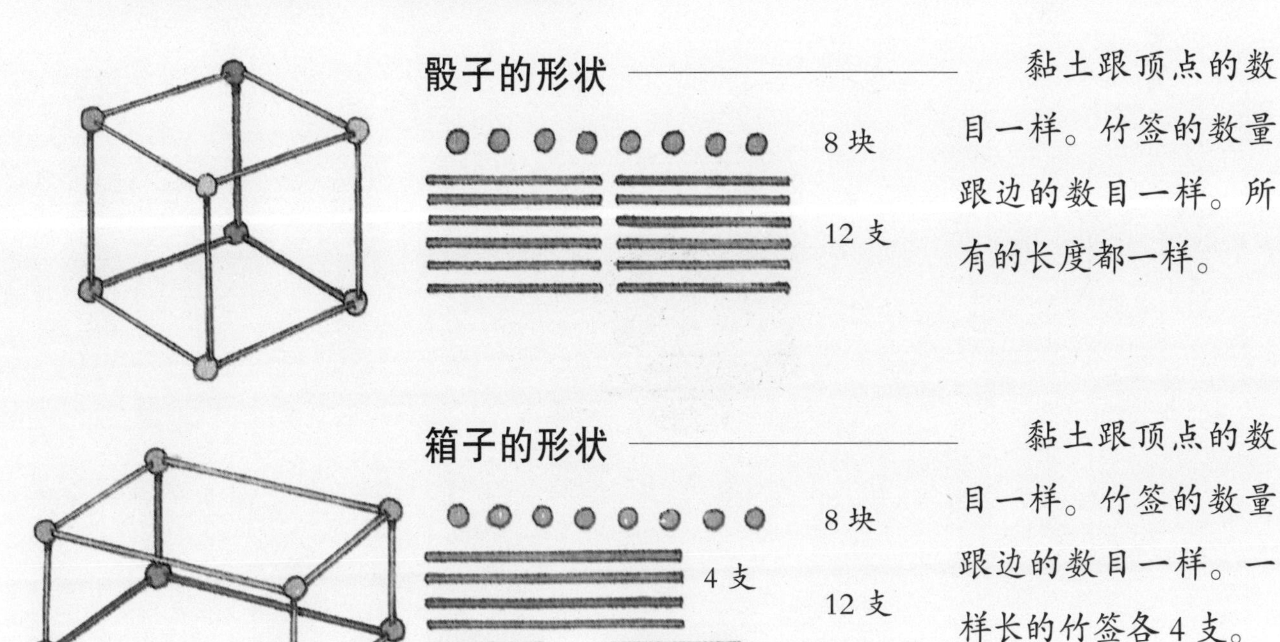

7 面或边的平行和垂直

1个面的垂直面数

找出下面长方体中，跟甲面垂直的面。

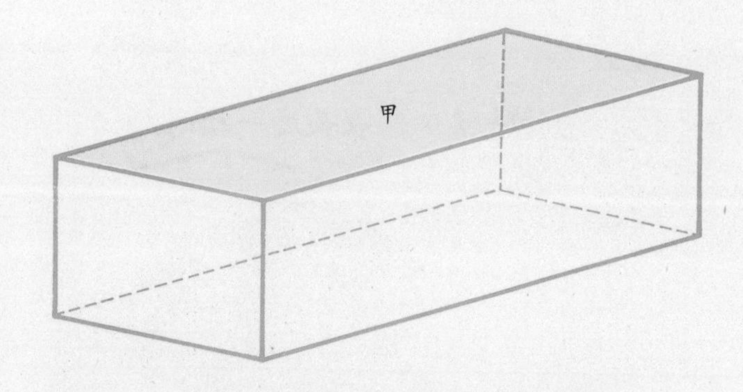

◆**面和面垂直是怎么回事？想想看。**

2条直线成直角相交时，称为垂直相交。面和面的垂直也一样。

甲面和乙面垂直。

查查看

◆**认识垂直之后，接下来，看一看跟甲面垂直的面有几个。**

跟甲面垂直的面，除了乙之外，己、丁、戊也跟它垂直，所以，跟甲垂直的面有4个。

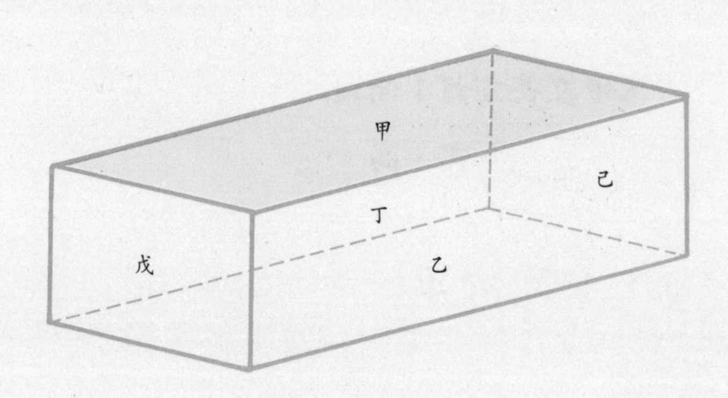

1个面的垂直棱

找出下面长方体中，跟甲面垂直的棱。

跟这个长方体中甲面垂直的棱有4条。

查查看

甲面的垂直棱有4条，其他面呢？查查看。

正方体每个面的垂直棱都是4条。

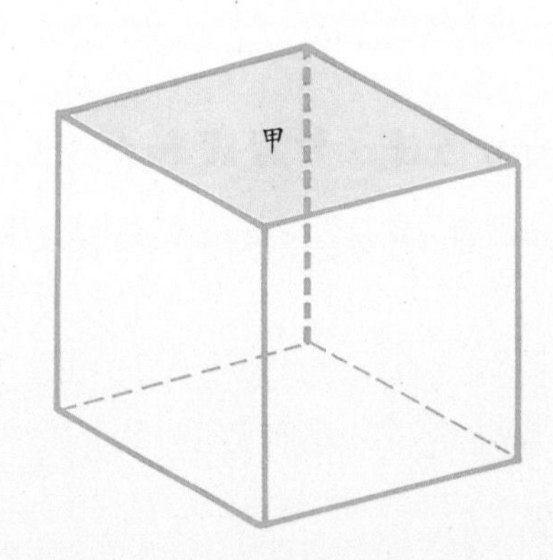

如上图，跟甲面垂直的棱有4条。

查证其他面，看看是否也各有4条垂直的棱。

◉1个面的平行面

找出下面长方体中相互平行的面。

从上图可以知道，长方体相对的2个面平行。

长方体相对的面，3组都平行。

学习重点

①长方体与正方体的面和面以及面和棱的垂直。

②长方体与正方体的面和面以及棱和棱的平行。

◉平行的2条棱

从下面长方体中，找出平行棱。

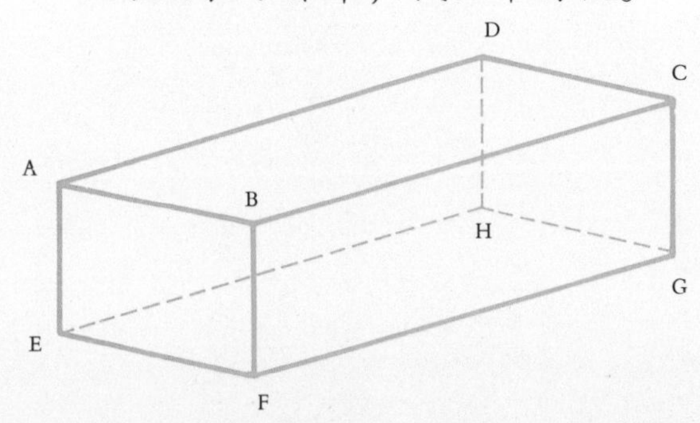

从上面长方体中，取出1个长方形想想看。

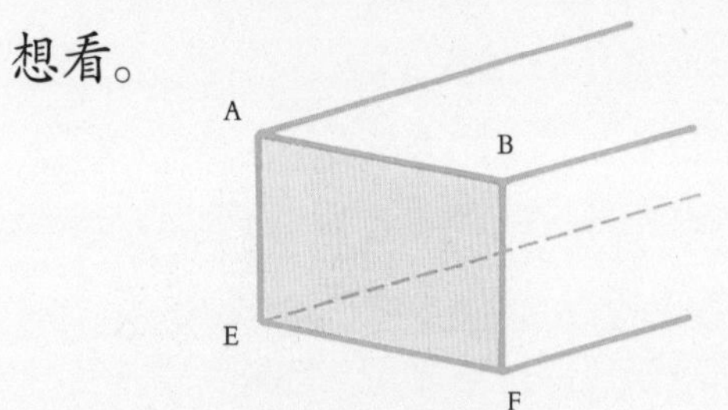

因为长方形的对边平行，所以，AE和BF、AB和EF平行。

另外，把全部的平行棱找出来。

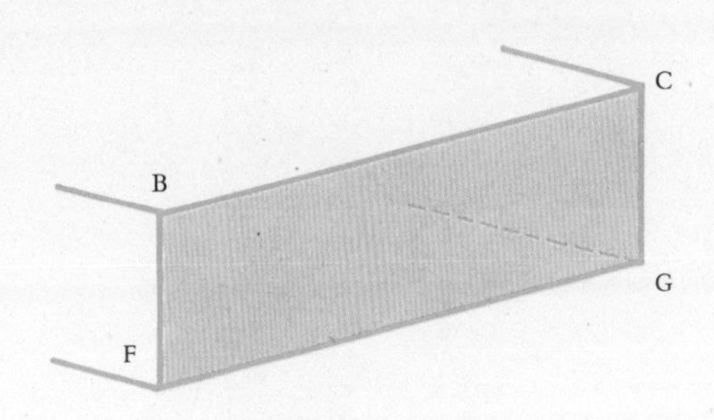

BC棱和FG棱、BF棱和CG棱平行。

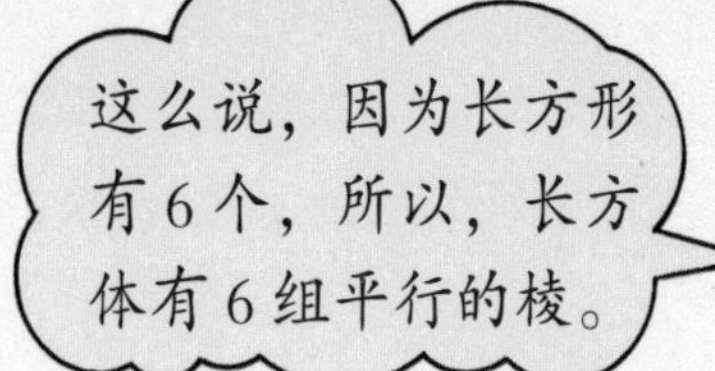

没错。因为宽的4条棱都平行。长和高的4条棱也都平行。

查查看

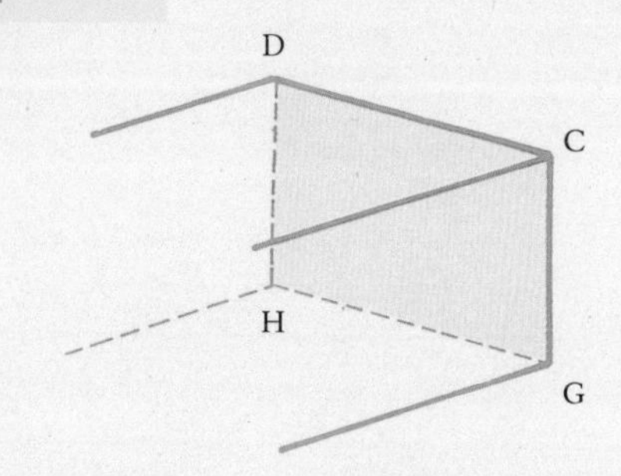

DC棱和GH棱、CG棱和DH棱平行。

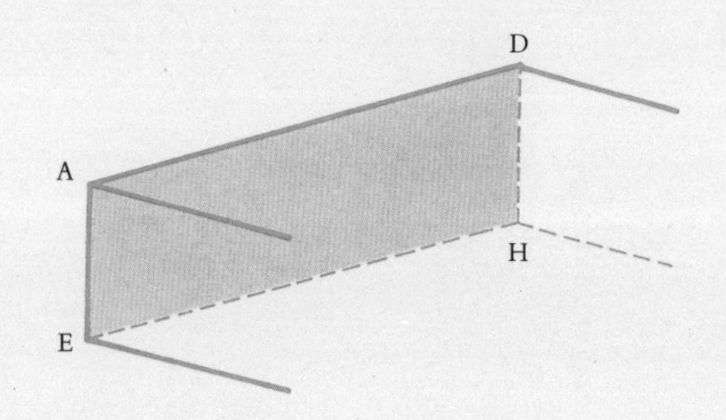

AD棱和EH棱、AE棱和DH棱平行。

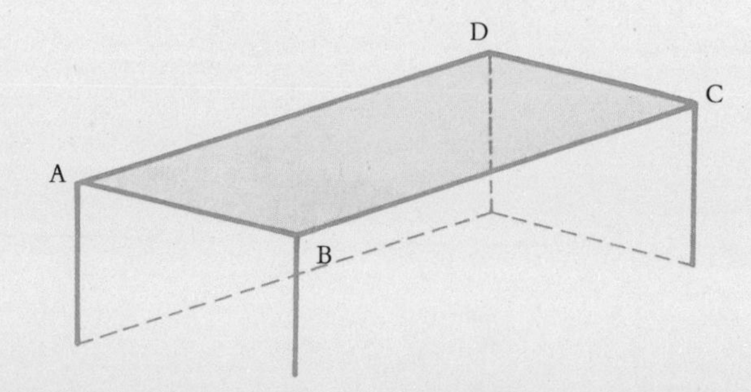

AB棱和DC棱、AD棱和BC棱平行。

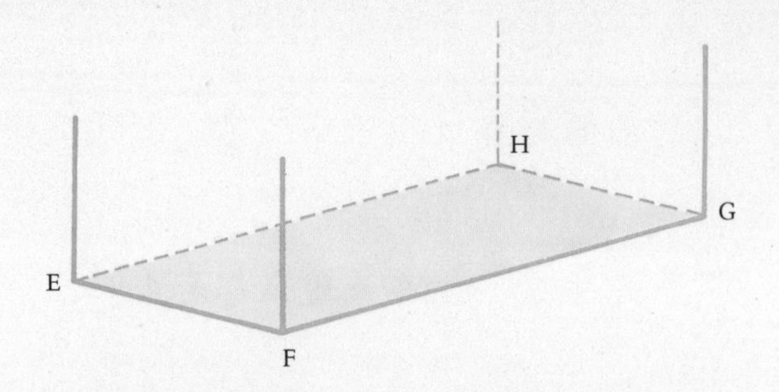

EF棱和HG棱、EH棱和FG棱平行。

从长方体中找出了12组棱，除此之外还有平行棱吗？想想看。

◆ **把长方体像下图那样切开时，切口是什么形状？**

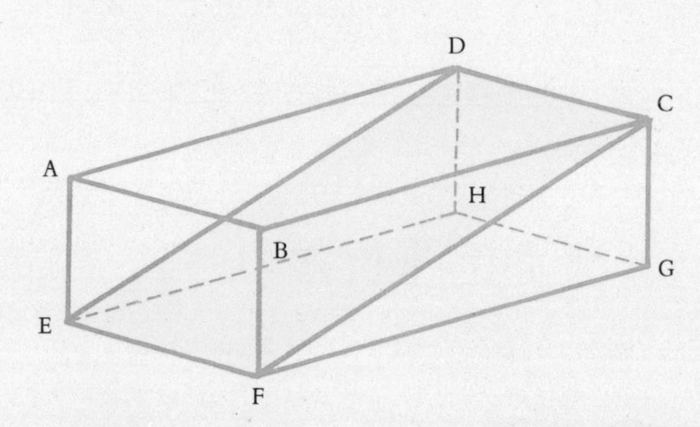

因为四边形CDEF是长方形，所以，CD棱和EF棱平行。

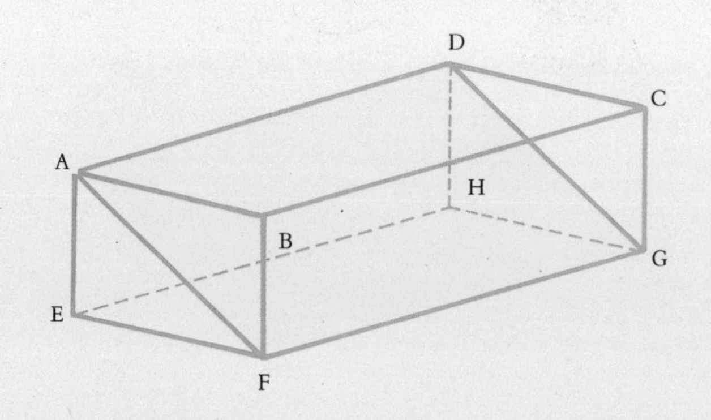

四边形AFGD也是长方形，所以，AD棱和FG棱平行。

查查看

用同样的方式切开长方体，再调查ABGH和BCHE 2个四边形。

2个四边形也都是长方形。所以，AB棱和HG棱、BC棱和EH棱平行。

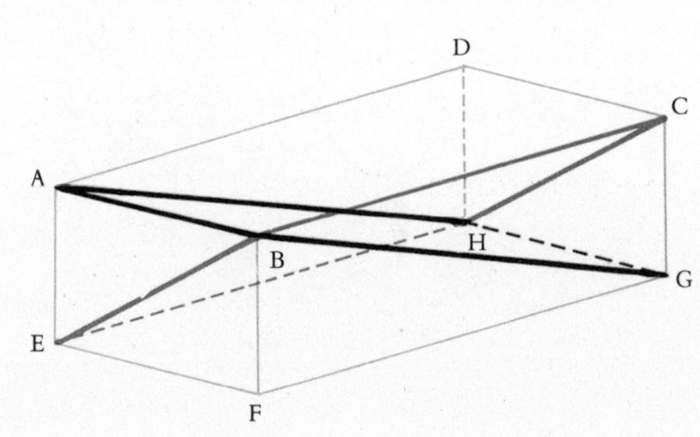

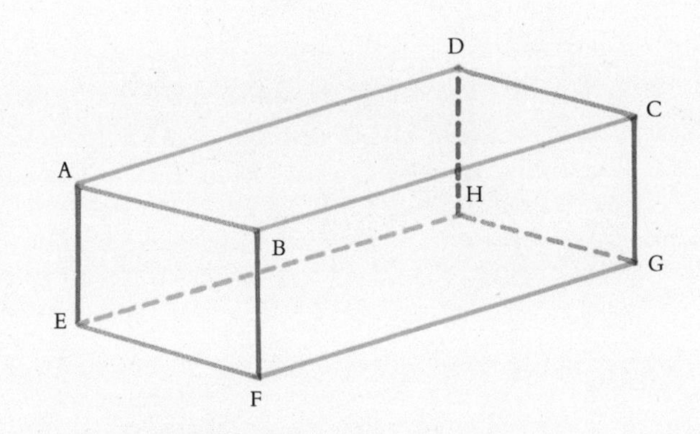

＊上面3组棱平行。

●整理如下

正方体1个面的直角是否跟长方体一样呢？

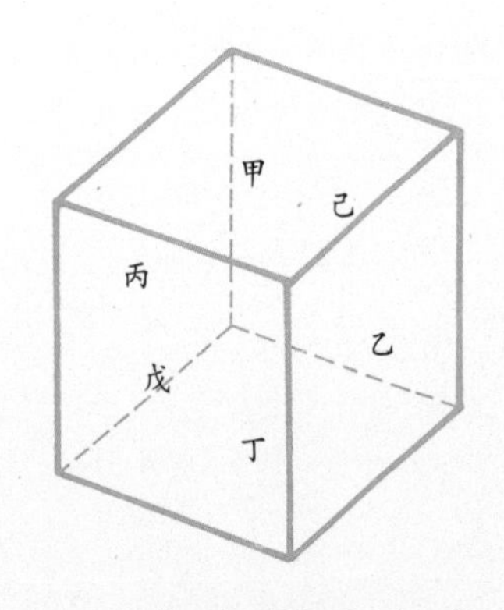

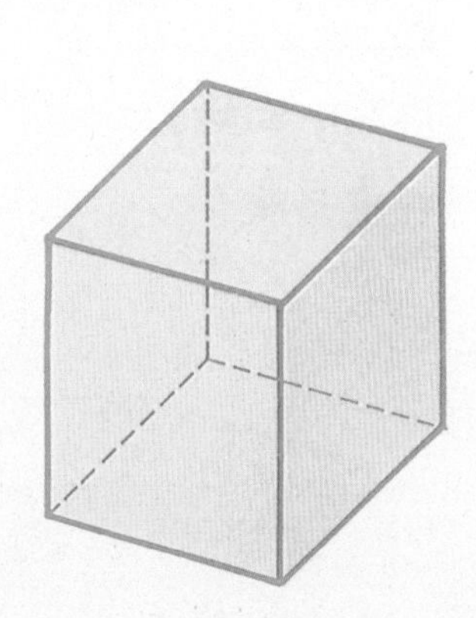

和上图甲垂直的面有乙、丙、戊、己4个。

正方体的3组相对面都平行。

调查正方体的顶点、面、棱，

顶点	8个
面	6个
棱	12个

正方体和长方体一样。

动脑时间

这个三角形是什么三角形？

有个如图①的正方体。把正方体的ABC三点连起来，组成三角形。乍看之下，这像是直角三角形，可是，又好像不对。

暗示一下好了。角ABC是60°。

答案请看图②。三个点可连成线AB、BC、AC，3条直线均为大小相同的正方形对角线，所以长度一样。这个三角形是等边三角形。

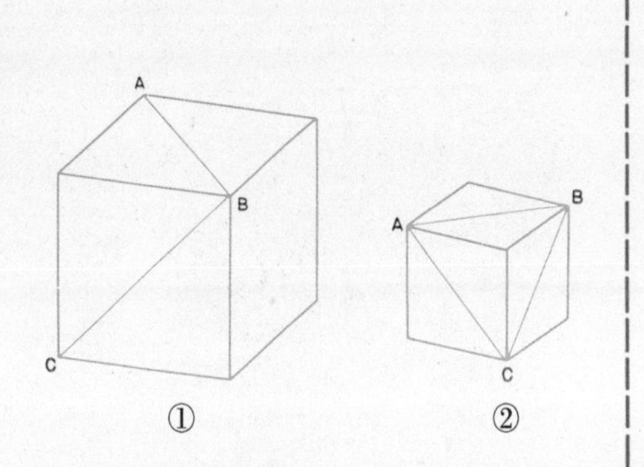

8 正方体和长方体（1）

◉ 用面和形状分类

住在天花板上的小老鼠们，顽皮地把各种东西拉到它们自己的房间，于是，老鼠妈妈就教它们认识长方体和正方体。

◆面的形状不同

外表是正方形的东西

骰子、仙贝盒子

外表是长方形的东西

牛奶糖的盒子、饼干礼盒

外表是正方形和长方形的东西

茶盒、药盒

表面形状都是正方形的称为正方体。表面形状是长方形和正方形的，或者只有长方形的，称为长方体。

长方体和正方体

下图是长方体和正方体。

长方体或正方体中，彼此围成长方形或正方形的部分称为面，边缘称为棱，角称为顶点。想想看，每个正方体或长方体的顶点数、棱数、面数各有多少。

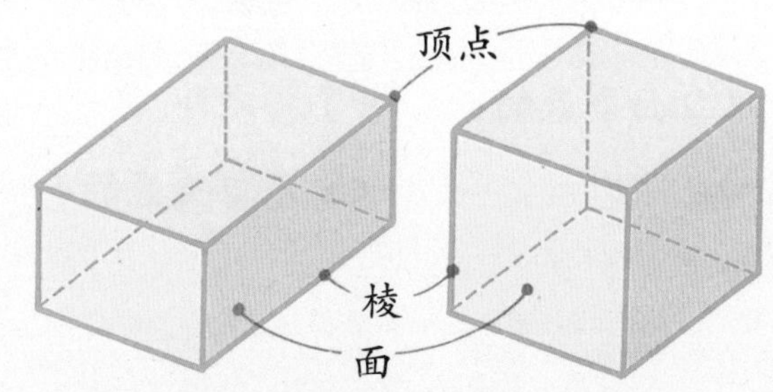

集中在长方体 1 个顶点的棱有 3 条，分别称为长、宽、高。

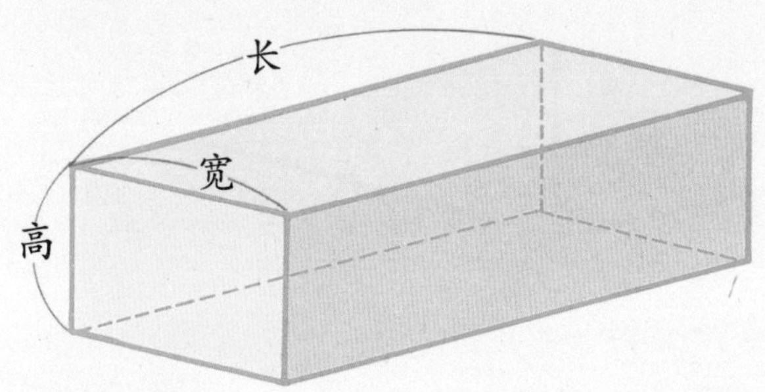

顶点数

分成甲、乙 2 个面查查看。

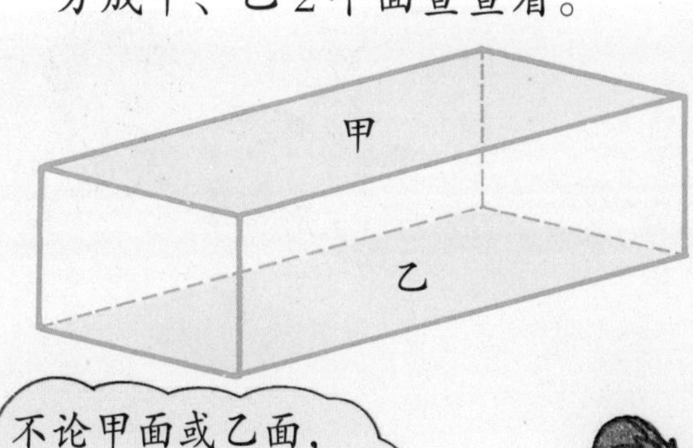

不论甲面或乙面，顶点数都是 4 个，所以，4×2，一共是 8 个。

学习重点

①只用正方形围成的形状称为正方体，用正方形和长方形，或是只用长方形围成的形状，称为长方体。

②正方体、长方体的顶点、面、棱和它的数目。

边数

数棱的时候，先数长度一样的棱。

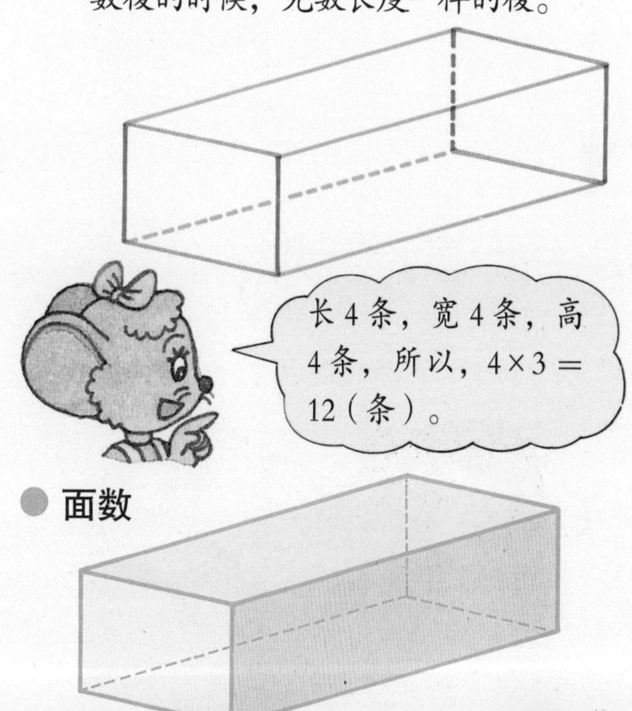

长 4 条，宽 4 条，高 4 条，所以，4×3＝12（条）。

面数

因为相对面的组有 3 组，所以面数是 6 面。

◆ 顶点、棱、面，整理如下。

	顶点数	棱数	面数
长方体	8(4×2)	12(4×3)	6(2×3)
正方体	8(4×2)	12(4×3)	6(2×3)

9 正方体和长方体（2）

整理

1 正方体和长方体

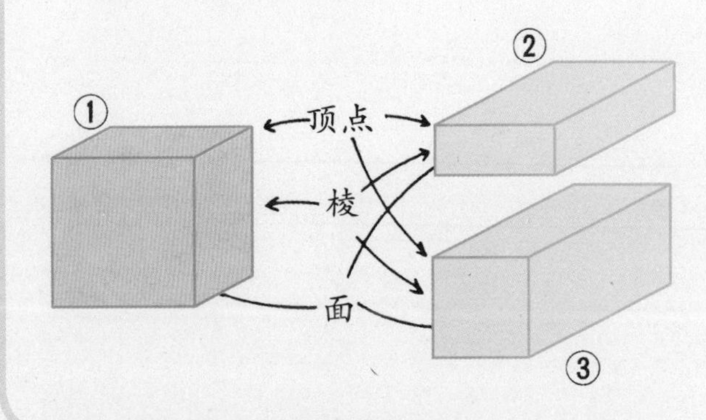

（1）正方体

●如图①，由正方形围成的形状叫作正方体。

●正方体有6个全等的面，每条棱的长度也相等。

（2）长方体

●如图②由长方形围成，或如图③由长方形和正方形围成的形状叫作长方体。

●长方体中相对的面大小和形状相同。

试试看，会几题？

1 看图回答下面的问题。

（1）图中的物体是哪一种体？

（2）形状大小相同的面共有几组？每组各有几个面？

（3）长度相等的棱共有几组？每组各有几条棱？

2 用黏土球和竹签制作长4厘米、宽3厘米、高5厘米的长方体，各需几根3厘米、4厘米、5厘米的竹签？需要几个黏土球？（不考虑连接的长度）

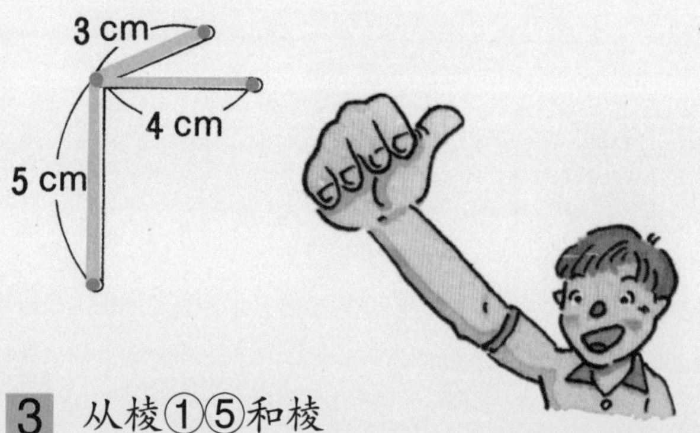

3 从棱①⑤和棱③⑦将长方体切开，切口为四边形，请说出这个四边形的特征。

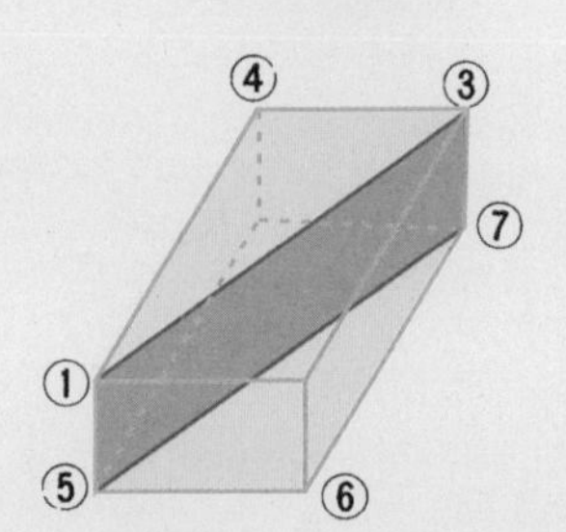

答：1（1）长方体，（2）3组、各2个，（3）3组、各4条，2 3厘米、4厘米、5厘米各4根，8个黏土球

（3）正方体和长方体中顶点、边、面的个数

	顶点	边	面
正方体	8	12	6
长方体	8	12	6

2 面或棱的垂直与平行

（1）面和面的垂直与平行

●正方体和长方体中，每个面均另有4个面和它垂直。此外，正方体和长方体中，相对的面都互相平行，平行的面共有3组。

（2）面和棱的垂直与平行

●每个面有4条垂直的棱。每条边有2个垂直的面。

●每个面有4条平行的棱。每条边有2个平行的面。

●1条棱有3条平行的棱。

3 展开图

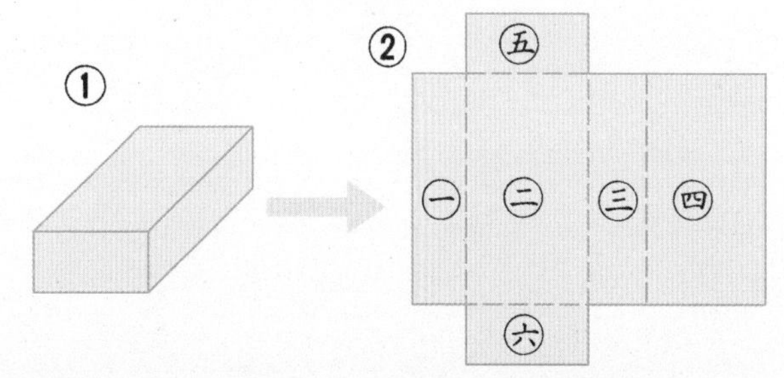

●①是长方体的示意图。按照②的方式沿着长方体的棱裁剪，然后将长方体展开后的图是长方体的展开图。

●组合展开图时，㊀、㊅、㊂、㊄4个面均和㊁垂直，而㊃则和㊁平行。

4 下面是一个正方体。如果从①、⑥、③3个顶点分割这个正方体，切口会呈现什么形状？

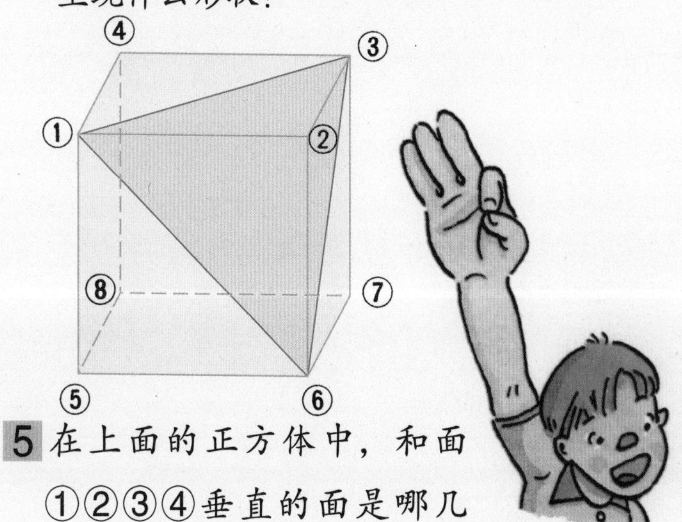

5 在上面的正方体中，和面①②③④垂直的面是哪几个？和面①②③④平行的面是哪个？

6 下图是长方体的展开图。组合展开图时，和①面垂直的面是哪几个？和①面平行的面是哪几个？

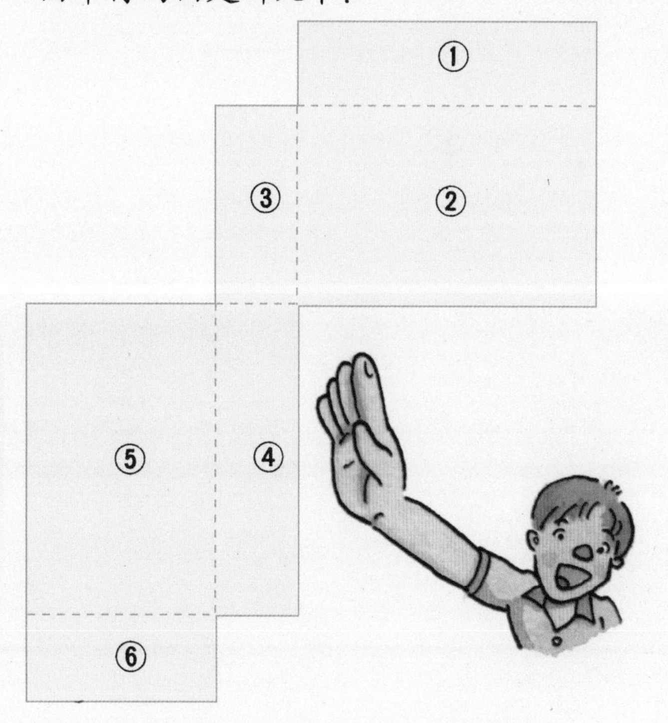

③4个角都是直角　④ 等边三角形　⑤ 垂直的面→①⑤⑥②、②⑥⑦③、③⑦⑧④、①④⑤⑧，平行的面→⑤⑥⑦⑧　⑥ 垂直的面→②、③、⑤、⑥，平行的面→④

解题训练

■由展开图制作正方体

1 下面哪几个图依照虚线部分折叠后可以组成正方体？请用记号作答。

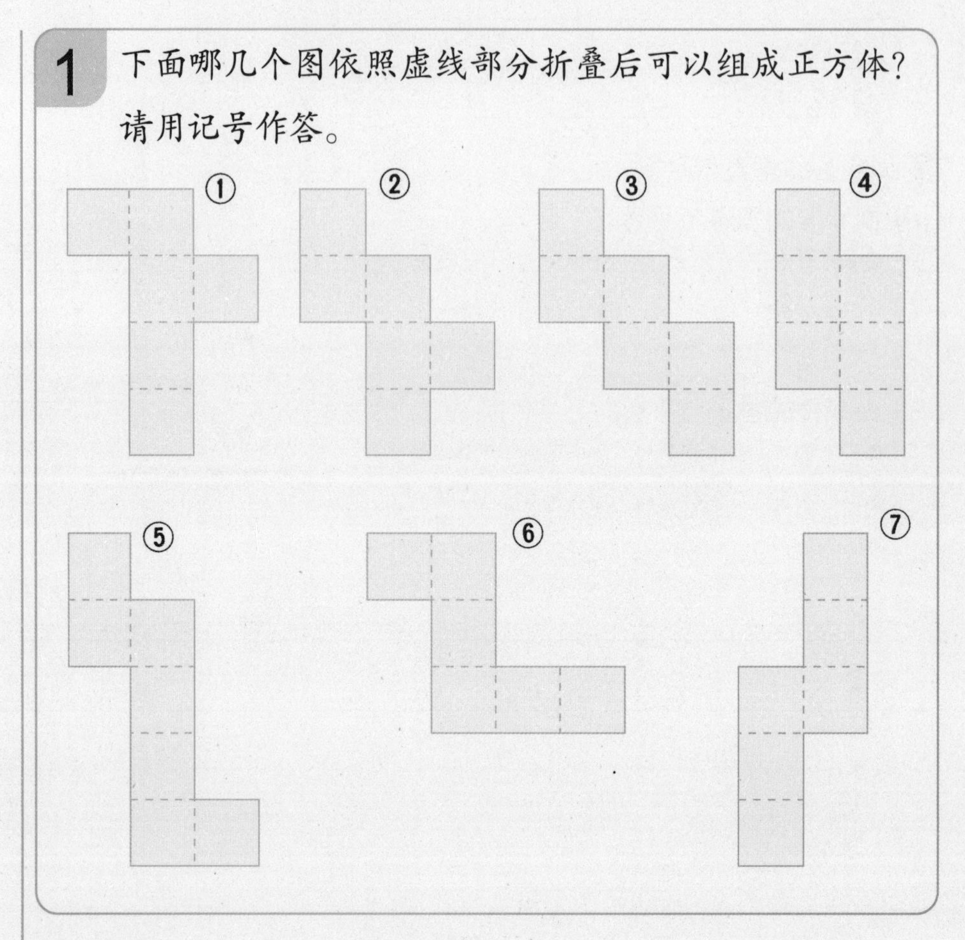

◀ 提示 ▶

哪几个面互相平行？平行的面是不是有3组？

● 解法

正方体有6个面。第⑤图共有7个面，所以无法组成正方体。先找出平行的面，由下图得知①、②、③、⑦各有3组平行的面。④、⑥没有3组互相平行的面。

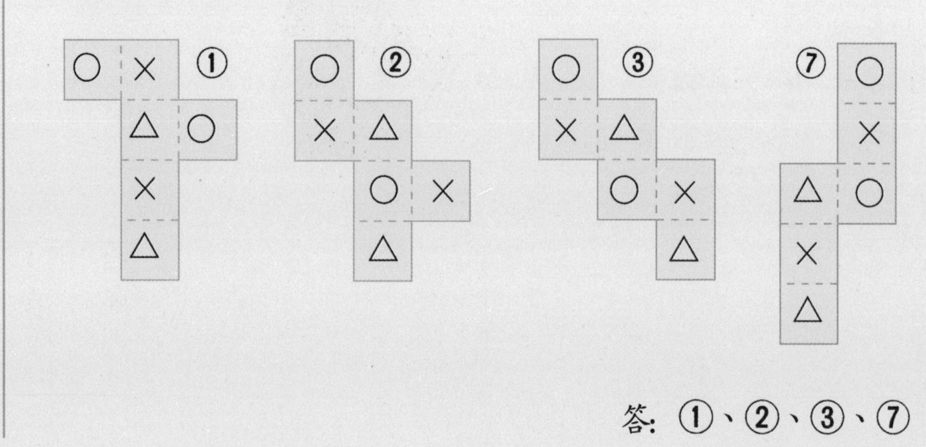

答：①、②、③、⑦

面的垂直、平行关系

1 右图骰子上每一组相对面的点数总和都是7。和⚁平行的面以及垂直的面上点数各是多少？

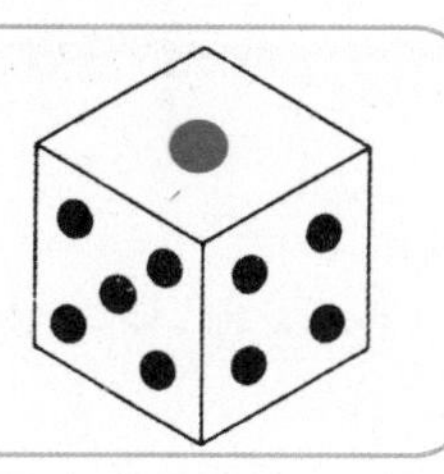

◀ 提示 ▶

先求出平行面和垂直面的数目。

● 解法

正方体或长方体中，相对的面都互相平行。因为每一组相对面的点数总和都是7，所以和⚁相对的面点数是⚄。

（7 − 2 = 5）

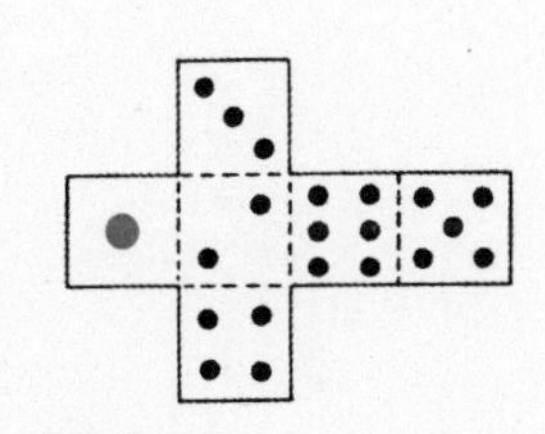

相邻的面都互相垂直。剩余的面均彼此相邻。(2和5除外)　⚀⚂⚃⚅

答：平行的面⚄，垂直的面⚀⚂⚃⚅

计算切口面积的大小

3 右图为长方体，若朝面①②③④垂直下切，保证切口面积最大，应该怎么切？若要让切口面积保持最小，应该怎么切？

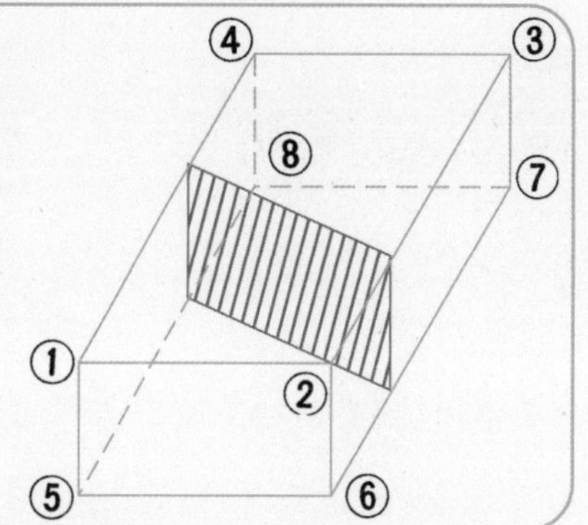

◀ 提示 ▶

切口为长方形。不论用何种切法，切口长方形的宽都一样，所以，长方形的长度最长时面积就最大；长度最短时，面积就最小。

● 解法

不论采用哪种切法，切口的形状都是长方形，而长方形的宽度不变。所以可以按照下图的方法切割。

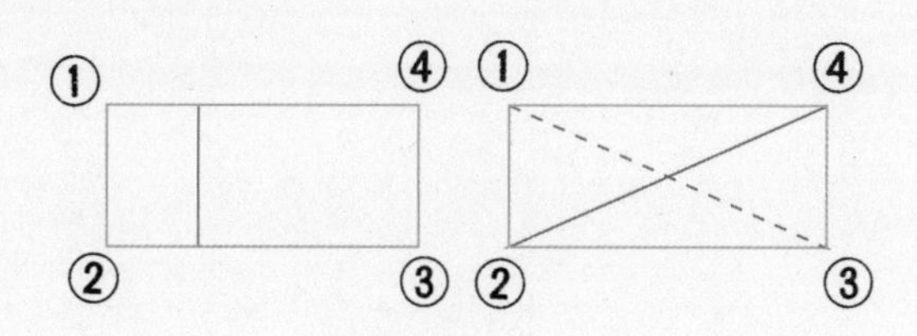

答：面积最大——从①⑤和③⑦，或者从②⑥和④⑧呈对角切割。面积最小——和面①②⑥⑤呈平行切割。

加强练习

1 下图为正方体的展开图。如果把展开图组合起来，哪些地方会相接？在□里填上答案。

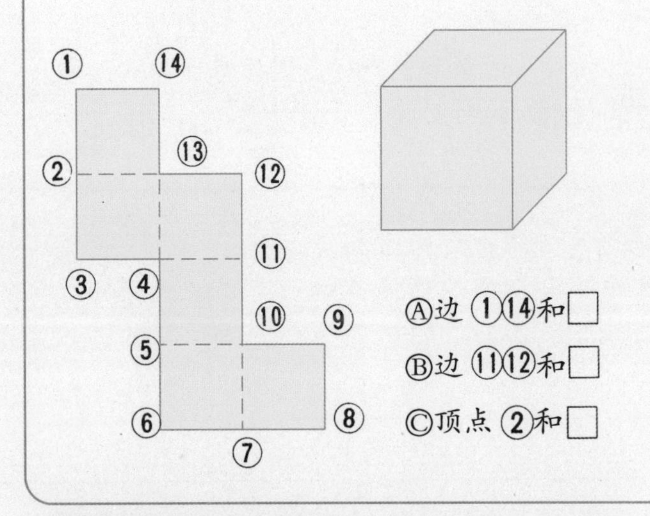

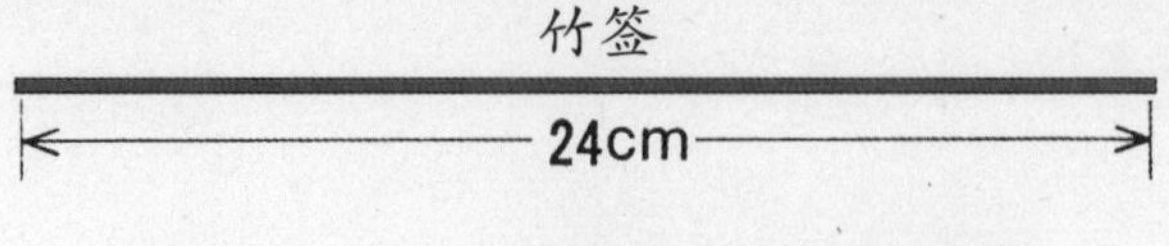

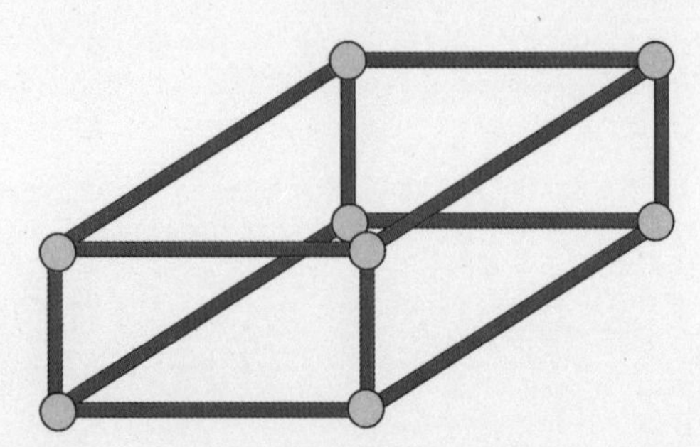

2 有一根长 24 厘米的竹签。把这根竹签切成数段，并用黏土将其组合成长方体或正方体，可以做成多大的长方体或正方体？要保证 24 厘米的竹签全部用完，每一小段的长度都是整数，且不考虑连接的长度。

解答和说明

1 在各组平行面上画出记号后就成为右图的情形。和 1 个面垂直的面共有 4 个（平行面以外的面）。所以，正方形①②⑬⑭周围的其他面便有如下图。

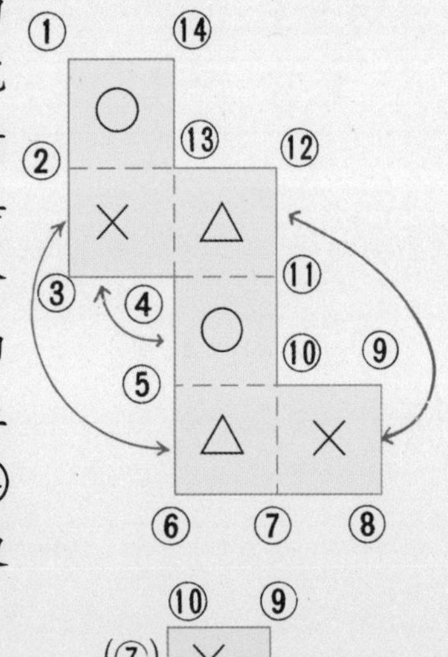

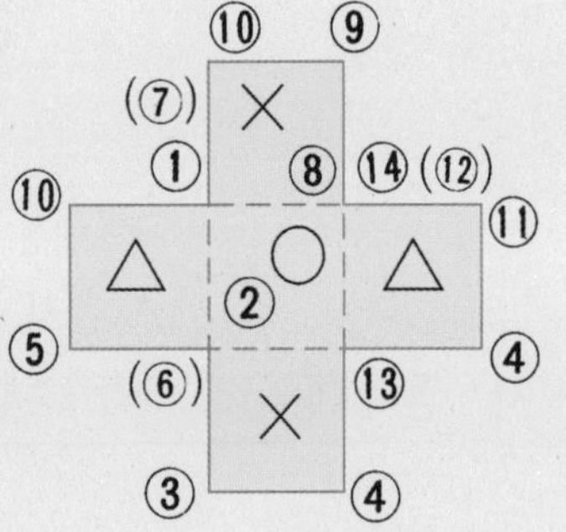

答：Ⓐ边⑦⑧，
Ⓑ边⑧⑨，
Ⓒ顶点⑥。

2 长方体中共有 3 组棱，每组各有 4 条长度相同的棱。

（长＋宽＋高）×4 ＝全部的棱长，

所以，（长＋宽＋高）×4 ＝ 24

长＋宽＋高＝ 24÷4 ＝ 6

由上表得知，可以做出 3 种不同形状的长方体。

宽	1 cm	1 cm	2 cm
长	1 cm	2 cm	2 cm
高	4 cm	3 cm	2 cm
合计	6 cm	6 cm	6 cm

答：●长 1 厘米、宽 1 厘米、高 4 厘米的长方体；●长 2 厘米、宽 1 厘米、高 3 厘米的长方体；●边长都是 2 厘米的正方体。

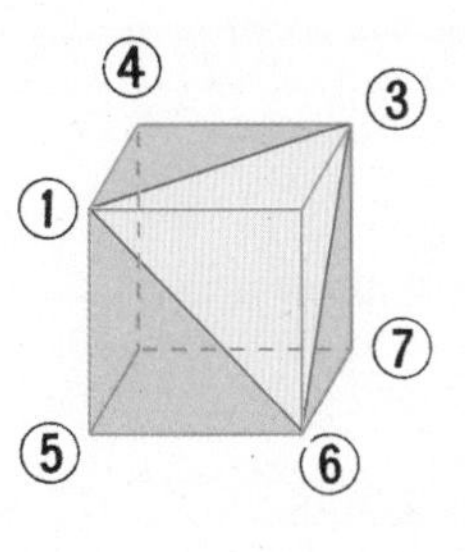

3 左图为正方体，从①、③、⑥3点切割后，切口的形状为三角形。请在下面展开图中画出切口的线。

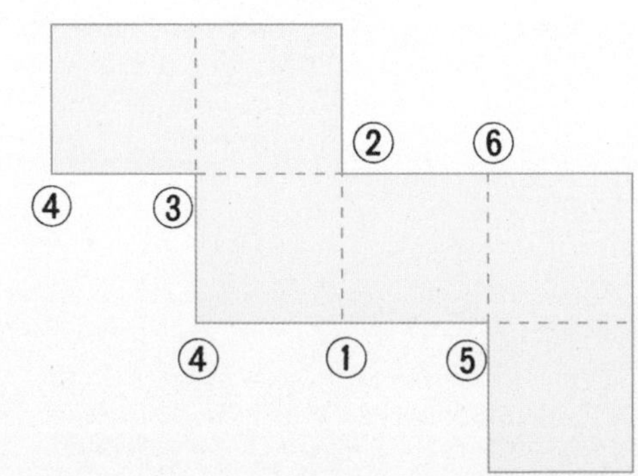

4 将右图中的长方体的相对面均涂上相同的颜色。如果按照图示方法把这个长方体分割成长4个、宽4个、高3个的块状，整个长方体可以切割成48个小的长方体。小长方体显露出来的面如果有3面，则颜色分别是红、蓝、黄；如果只露出2个面，颜色将是红和黄或红和蓝或其他种不同的组合。下面所描述的小长方体各有多少个？（1）3个面都着了颜色的长方体。

（2）只露出红色面的长方体。

（3）没有着色的长方体。

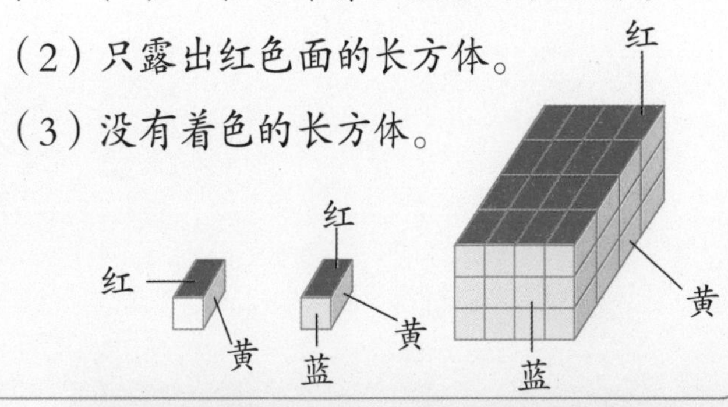

3 正方体或长方体的每个顶点都是由3条棱聚集而成的，所以，把展开图顶点上的3个点和示意图对照后，便能确定展开图的顶点。

答：切口的线是①⑥、⑥③、③①。

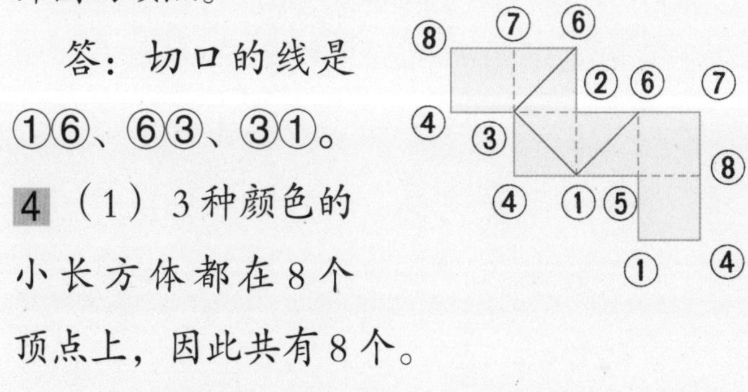

4 （1）3种颜色的小长方体都在8个顶点上，因此共有8个。

（2）只露出红色面的小长方体在上、下两面各有4个，因此共有8个。

（3）没有着色的小长方体都在大长方体的中央，共有4个。

答：（1）8个，（2）8个，（3）4个

应用问题

1 如果要做一个边长1厘米的正方体，需要多大的长方形纸才能画出正方体的展开图？以厘米计算长方形的长和宽，长方形的长、宽越小越好，黏贴的部位不算在内。

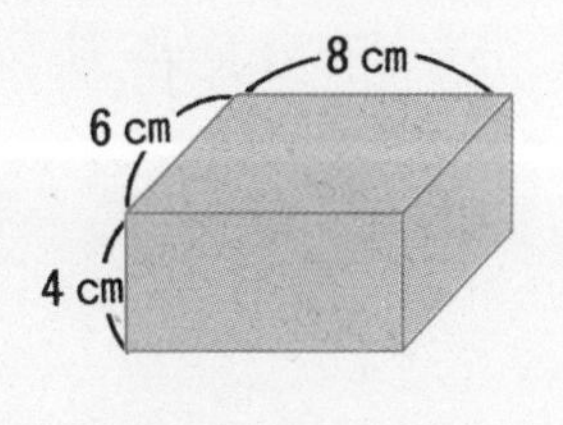

2 右图为长方体积木，如果按照右图把积木依同方向堆积起来，会成为一个正方体。堆积所用的积木数量要越小越好，堆积后的正方体边长是多少厘米？共需几块积木？

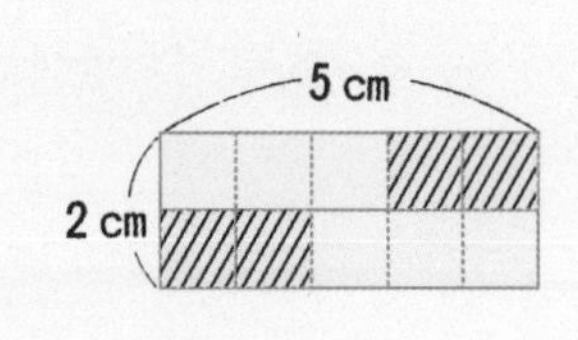

答：**1** 长5厘米、宽2厘米的长方形；

2 边长24厘米，共需72个。

10 长方体·正方体的体积

长方体

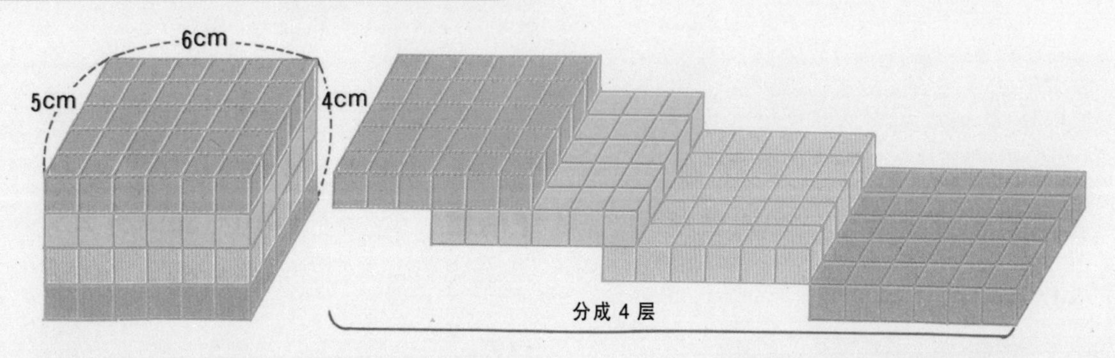

把长、宽、高各按 1 厘米长进行划分。因为高是 4 厘米，所以如上图，该长方体可分成 4 层。

这一点在前面就知道了，只要划分开来看就可以。

因为每一层中，宽有 5 个、长有 6 个 $1cm^3$ 的正方体，所以，$5 \times 6 = 30$

4 层一共有：$30 \times 4 = 120$

用体积的单位表示的话：

$1 \times 120 = 120$（cm^3）

◆ **查查看长方体的体积。**

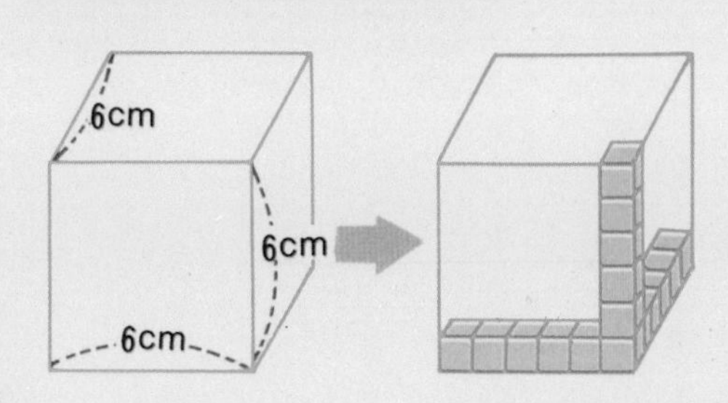

◆ **算一算长方体的体积。**

边长 6 厘米的正方体，用左边的方法计算的话，因为高是 6 厘米，所以，可分出 6 层边长 1 厘米的正方体。

每一层中，长、宽各有 6 个 $1cm^3$ 的正方体，所以 $6 \times 6 = 36$，6 层一共有

$$36 \times 6 = 216$$

用左下图的体积单位表示的话：

$$1 \times 216 = 216（cm^3）$$

◆ **整理一下长方体、正方体的体积求法。**

从以上的情形可以知道，长方体或正方体的体积，可以用比较长、宽、高各有多少边长 1 厘米的正方体求出来。

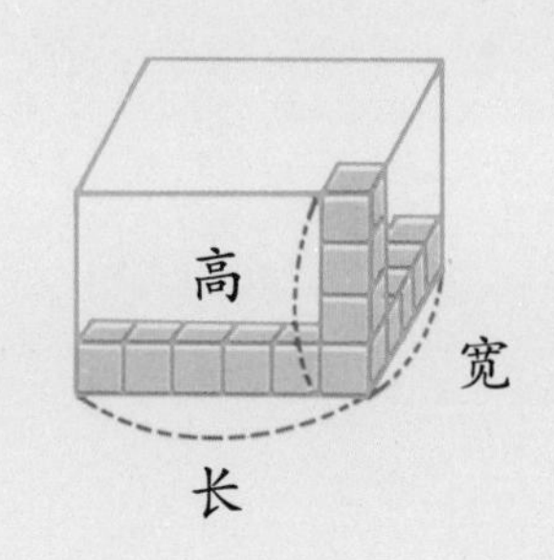

学习重点

①求长方体、正方体的体积公式如下：
长方体的体积＝长 × 宽 × 高
正方体的体积＝边长 × 边长 × 边长
②把立方体分成若干个长方体，再用它们体积的和求出立方体的体积。
③容器中装满水的体积，称为该容器的容积。
容器里面的长度，称为该容器的内尺寸。
④求容器容积的公式如下：
容积＝内尺寸的长 × 内尺寸的宽 × 深度

＊经过整理后，可以表示如下。

这个就是求长方体、正方体体积的公式。

长方体的体积＝长 × 宽 × 高

正方体的体积＝边长 × 边长 × 边长

边长 1 厘米的正方体，它的体积是 $1cm^3$。不过，体积为 $1cm^3$ 的物体，未必是边长 1 厘米的正方体。

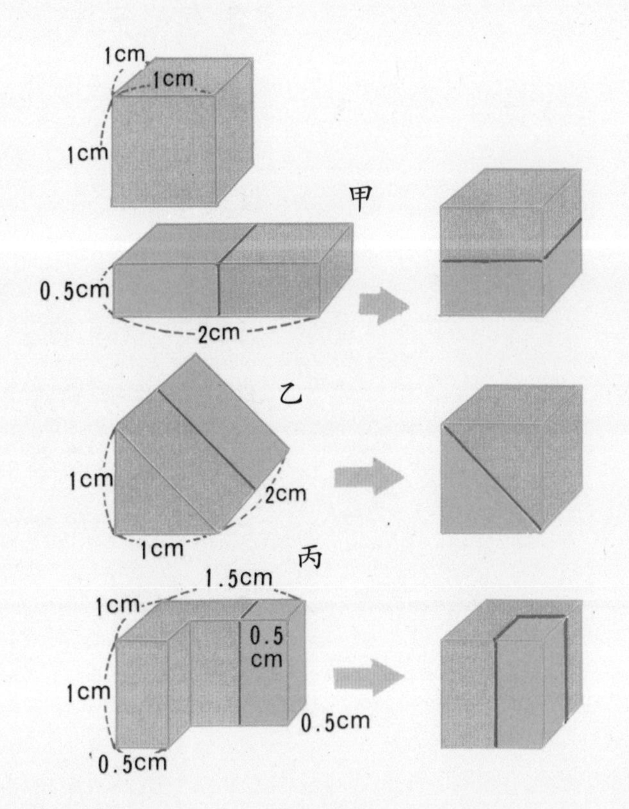

甲、乙、丙中不论哪一种形状，按照左下图分开组合后，都是边长 1 厘米的正方体。

例 题

用公式计算体积。

（1）

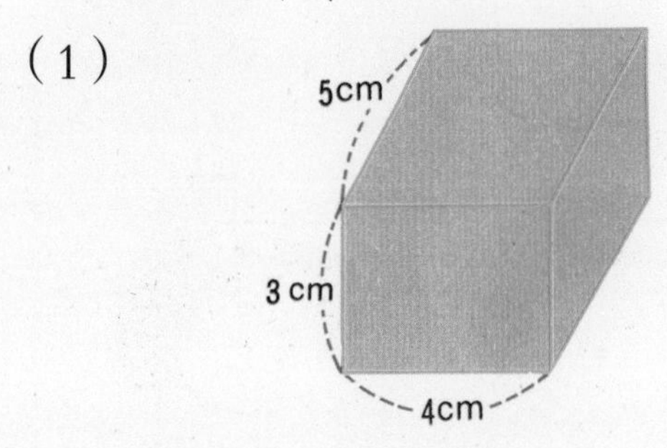

长方体的体积＝长 × 宽 × 高

$= 5 \times 4 \times 3$

$= 60\ (cm^3)$

（2）求长 5 厘米、宽 3 厘米、高 8 厘米的长方体的体积。

长方体的体积＝长 × 宽 × 高

$= 5 \times 3 \times 8 = 120\ (cm^3)$

因为可以把正方体当作是长、宽、高都一样的长方体，所以，求正方体的体积也可以用求长方体体积的公式。

各种形状的体积

◆ **以长方体体积的求法为基础，研究像下图这种形状的体积求法。**

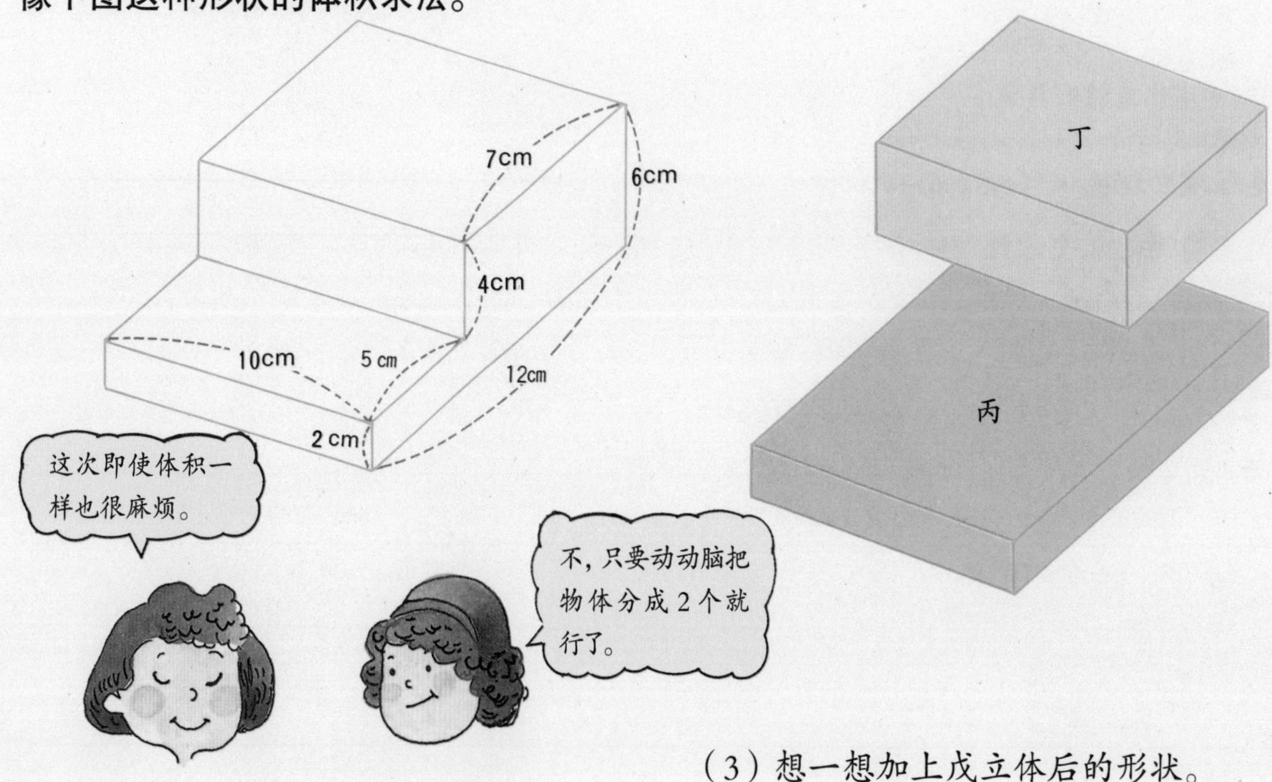

（1）分成甲、乙2个长方体计算。

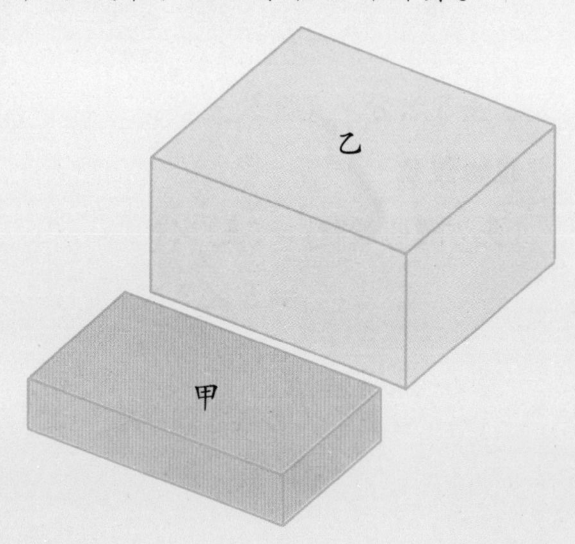

（2）分成丙、丁2个长方体计算。

（3）想一想加上戊立体后的形状。

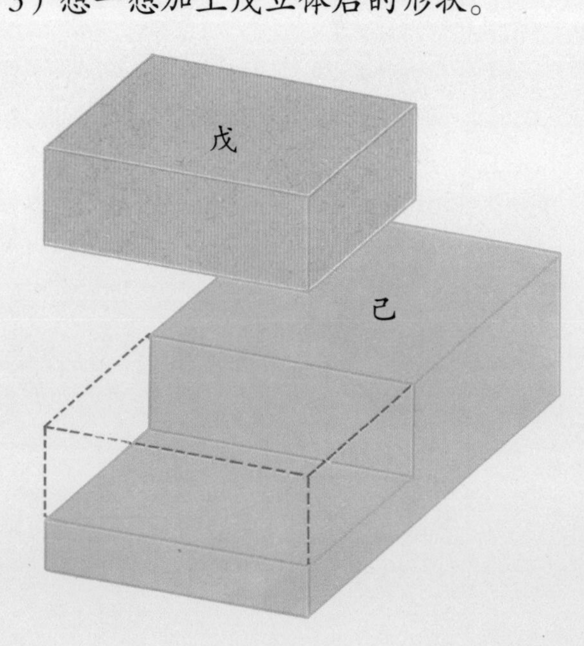

前面我们已经想出办法求这种形状的体积，现在，实际求它的体积看看。

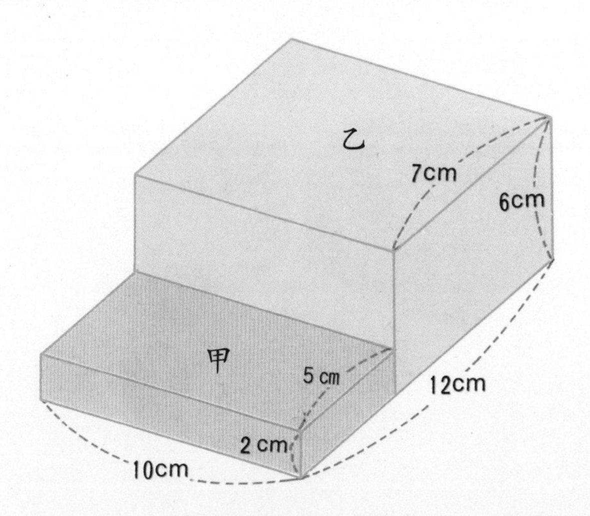

用（1）的想法求它的体积，就是将其分成甲、乙 2 个长方体。仔细看这 2 个长方体，可以发现 10 厘米的边可以作为它们共同的高。

计算如下：

$2\times5\times10+6\times7\times10$

$=(2\times5+6\times7)\times10=520(\text{cm}^3)$

像这样，求立体的体积，可以先将它分成若干个长方体，再用求长方体体积的公式来计算。

例题

求下面立体的体积。

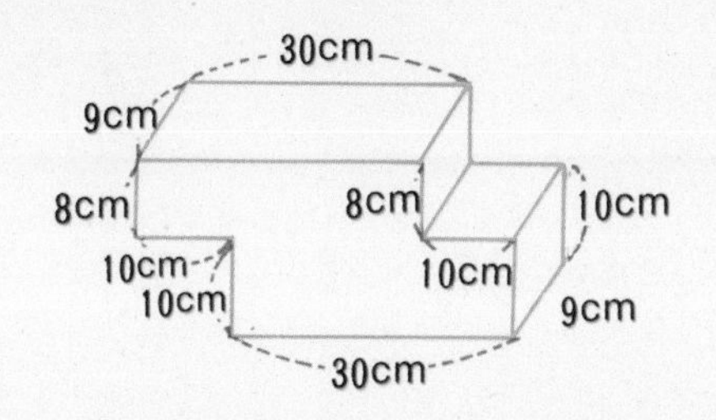

◆ **先把它当作完整的长方体计算，再减掉缺口的部分乙、丙的体积。**

宽的长度都一样。

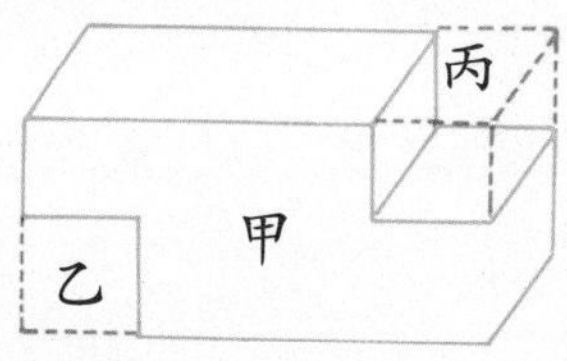

计算式如下：

$[\underbrace{(8+10)\times(30+10)}_{\text{甲}}-(\underbrace{10\times10}_{\text{乙}}+\underbrace{8\times10}_{\text{丙}})]\times9=4860$

答：4860cm^3

◆ **分成 3 个长方体计算。**

宽的长度都一样。

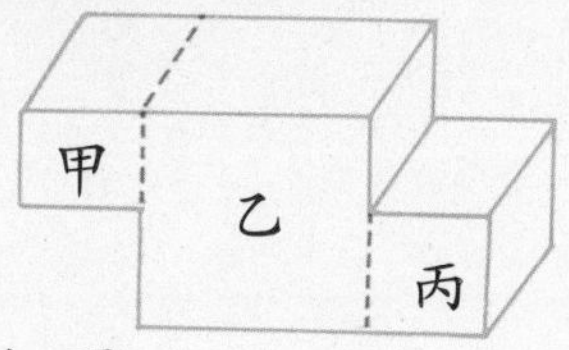

计算式如下：

$[\underbrace{10\times8}_{\text{甲}}+\underbrace{(30-10)\times(8+10)}_{\text{乙}}+\underbrace{10\times10}_{\text{丙}}]\times9=4860$

答：4860cm^3

整理

（1）求长方体、正方体的体积可用以下的公式。

长方体的体积＝长 × 宽 × 高

正方体的体积＝边长 × 边长 × 边长

（2）复杂形状的体积，要先分成若干个正方体或长方体再计算。

容积

◆ **查查看，下面容器装满水的体积。**

下面容器中装满水或其他液体的体积，就称为该容器的容积。

要调查这个容积，一定要先知道什么？

因为东西是装在容器里面，所以，一定要知道容器里面的长度。

里面的长度称为内部尺寸。

这个容器的形状是长方体。

制造容器的材料，厚度都是 1 厘米。

必须先知道这个立体内侧的长、宽、深，长方体中的“高”，在容积中就变成“深”。先看右上图。

a …… 里面的宽

b …… 里面的长

c …… 里面的深

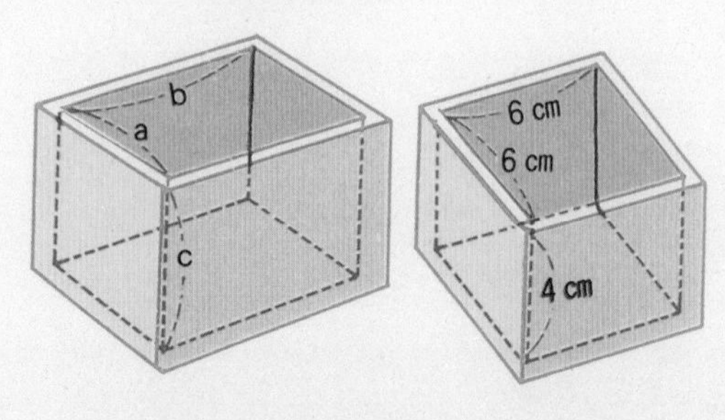

这个容器里面的尺寸是宽 6 厘米，长 6 厘米，深 4 厘米。

现在，求出这个容器的容积。

如果把装满的东西取出来，就如下图。

所以，可以把它看作是长 6 厘米、宽 6 厘米、高（深）4 厘米的长方体。

因此，$6 \times 6 \times 4 = 144$（$cm^3$）

器具中，正方体或长方体的容积，也可以用下面的公式求出。

容积＝里面的长 × 里面的宽 × 深

例题

下图是由厚1厘米的板子所制造的长方体盒子，求它的容积。

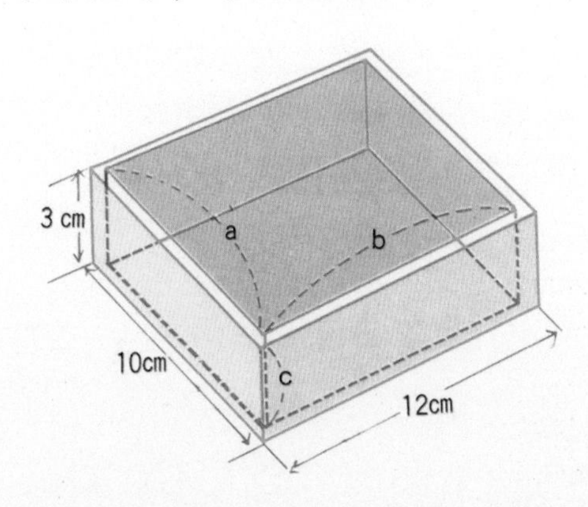

先求出里面的尺寸，再套用公式，

里面的宽 a 是

$$10 - 1\times2\ (\text{cm})$$

里面的长 b 是

$$12 - 1\times2\ (\text{cm})$$

里面的深 c 是

$$3 - 1\ (\text{cm})$$

所以，这个容器的容积为

$(10 - 1\times2)\times(12 - 1\times2)\times(3 - 1)$

$= 160\ (\text{cm}^3)$

答：$160\ \text{cm}^3$

整理

（1）容器中装满水或其他东西的体积，称为该容器的容积。

（2）容器里面的长度称为里面尺寸。

（3）求容积的公式

容积＝里面的长 × 里面的宽 × 深

动脑时间

立体的组合法

4个正方体组合在一起，可以产生以下8种立体。其中，同样的两组立体相叠可变成大正方体的有哪些呢？

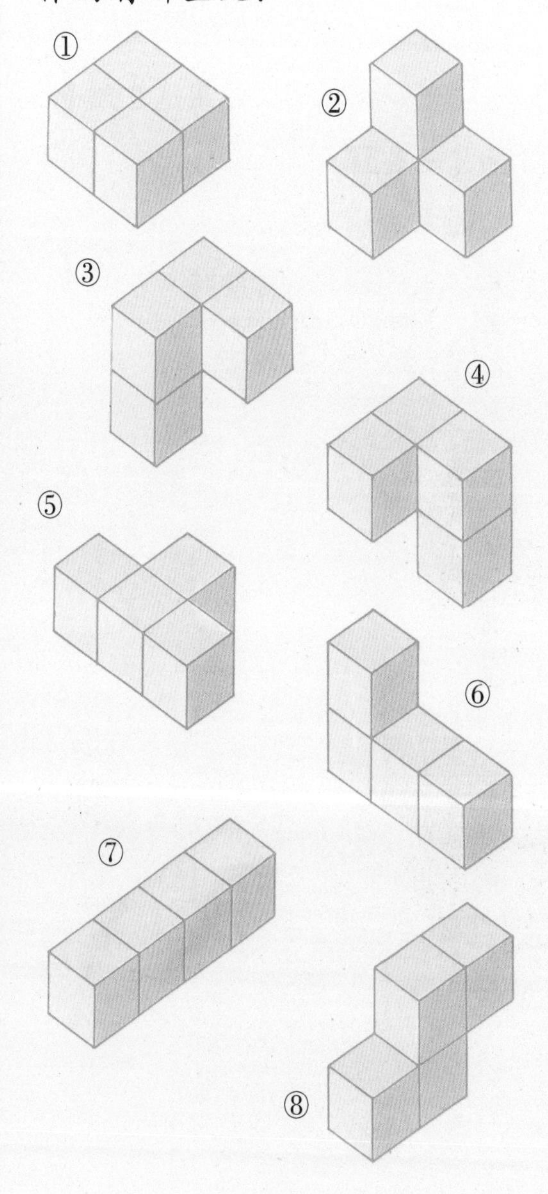

答：①、②、③、④

11 体积和它的表示方法

◉ 比较长方体的体积

◆ **比较一下下面 2 个长方体积木的体积。**

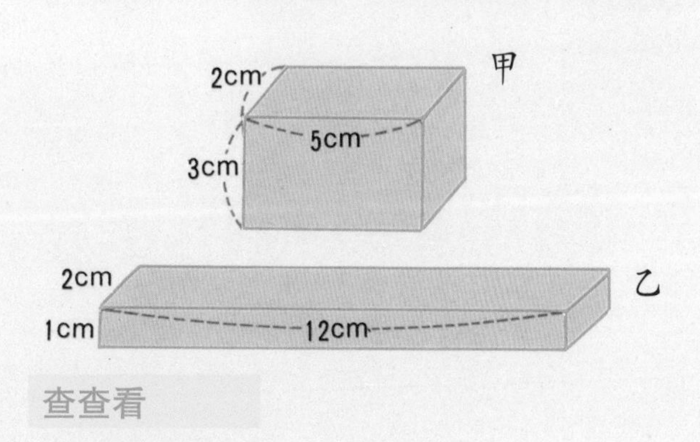

查查看

可以用边长作比较吗？

小明的想法

长方体乙有一条 12 厘米长的棱。所以，它的体积是不是比长方体甲大呢？

大华的想法

长方体甲的高是长方体乙高的 3 倍，如果把甲像下图切开再并排摆放会怎么样呢？

切开并排摆放的甲跟乙的体积一比较，很明显，长方体甲的体积比较大。

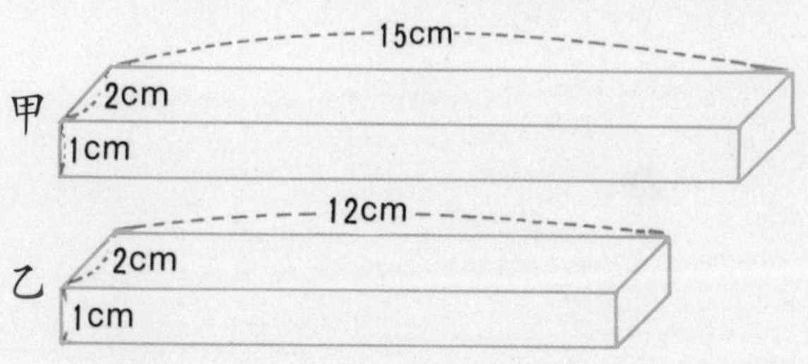

所以，体积若只看边长是无法知道的。

◆ **那么，如果把积木放入水中，再以溢出来的水的体积作比较可以吗？**

因为积木会浮在水上，所以没办法作比较。

◆ **规定单位的体积是否能够比较呢？**

比较面积的时候，可以把面积分成若干个 $1cm^2$ 然后作比较。想一想，容积的情形是不是和面积一样，可以这样作比较。

我想，这跟比较面积的方法是一样的。

以正方形和长方形为例，面积是靠长和宽 2 种长度来决定大小的。不过，体积却要由长、宽、高 3 种长度决定大小。

从这点考虑的话，如下图，如果以每边 1 厘米的正方体为基础，体积的大小似乎就能够以数字作表示。

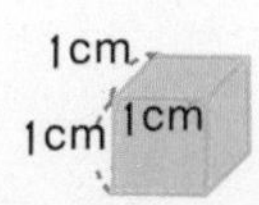

以这个为基础，查查看甲、乙的体积。

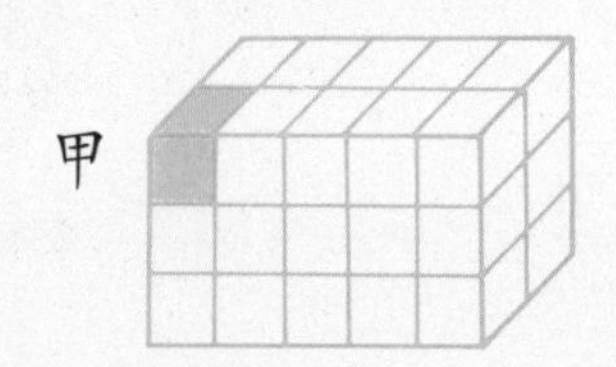

把长方体分成若干个边长 1 厘米的正方体。然后，再查边长 1 厘米的正方体有多少个。

$2\times5\times3=30$

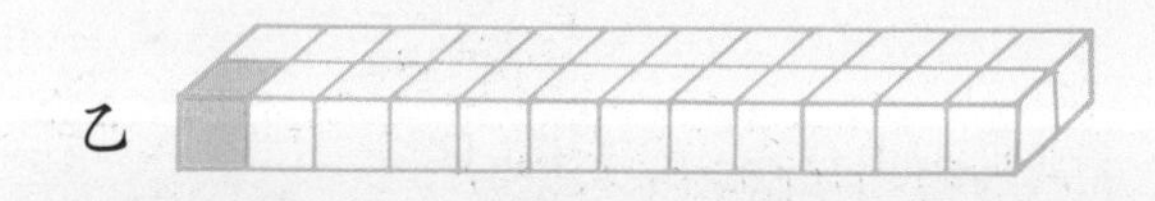

想法和甲一样，

$2\times12\times1=24$

由此可以知道，长方体甲的体积比较大。

这种边长 1 厘米的正方体体积用 $1cm^3$ 来表示，读成 1 立方厘米。cm^3 是表示体积的单位。

学习重点

①体积用边长 1 厘米的正方体数目有多少来表示。
②边长 1 厘米的正方体体积为 $1cm^3$。边长 1 米的正方体体积为 $1m^3$。

所以，甲、乙的体积分别为：

甲…$1(cm^3)\times30=30(cm^3)$

乙…$1(cm^3)\times24=24(cm^3)$

甲的体积是 $30cm^3$（30 立方厘米）

乙的体积是 $24cm^3$（24 立方厘米）

更大的正方体，如边长 3 米的正方体的体积就不能用 $1cm^3$ 作单位计算了，因为用边长 1 米的正方体计算比较方便，所以要用 $1m^3$ 作单位。

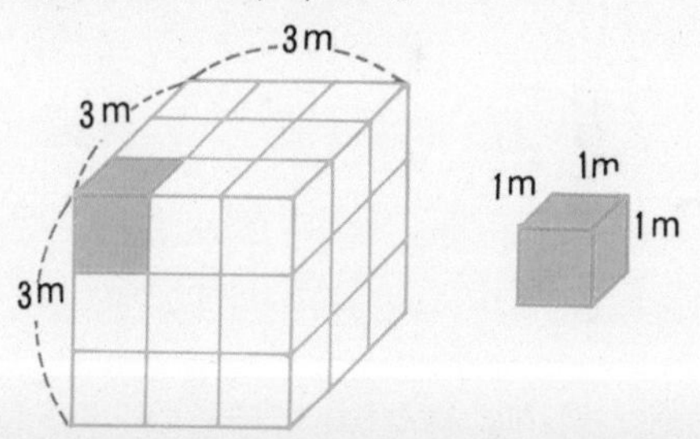

边长 1 米的正方体体积用 $1m^3$（1 立方米）来表示。

整理

（1）边长 1 厘米的正方体体积为 $1cm^3$。
（2）边长 1 米的正方体体积为 $1m^3$。

12 体积

整理

1 体积的单位

●长、宽、高各1厘米的正方体体积是1立方厘米（$1cm^3$）。

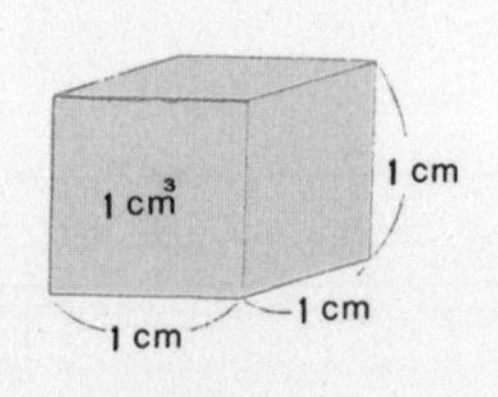

●长、宽、高各1米的正方体体积是1立方米（$1m^3$）。

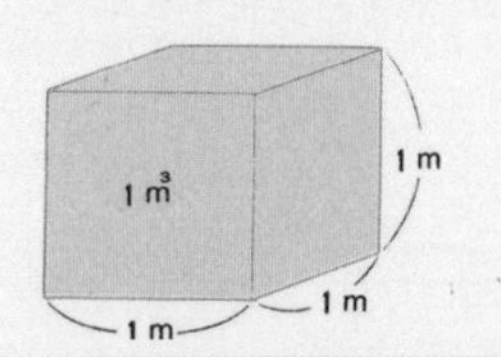

2 长方体的体积公式

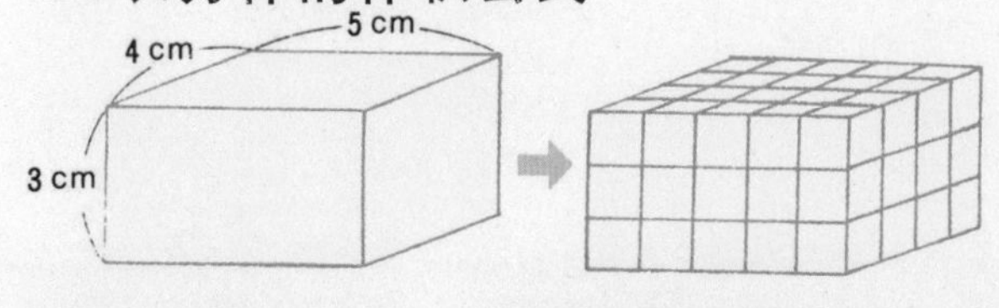

长方体体积
＝长 × 宽 × 高

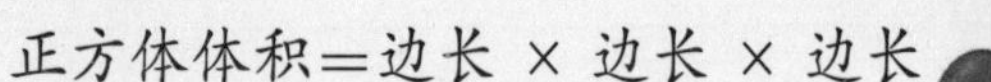

的个数是
4×5×3＝60

●正方体体积

把正方体当作长、宽、高等长的长方体。

正方体体积＝边长 × 边长 × 边长

试试看，会几题?

1 大象所搬运的正方体方糖边长1米，老鼠搬运的正方体方糖边长1厘米。大象搬运的方糖体积是老鼠搬运的方糖体积的几倍?

2 有2块冰块，1块是长方体，1块是正方体。长方体的冰块长15厘米、宽12厘米、高10厘米。正方体的冰块边长是12厘米。哪1块的体积比较大?大多少立方厘米?

各种立方体的体积

（1）先分为数个长方体或正方体，然后相加。

（2）把全体当作1个完整的长方体，然后减去缺角的部分。

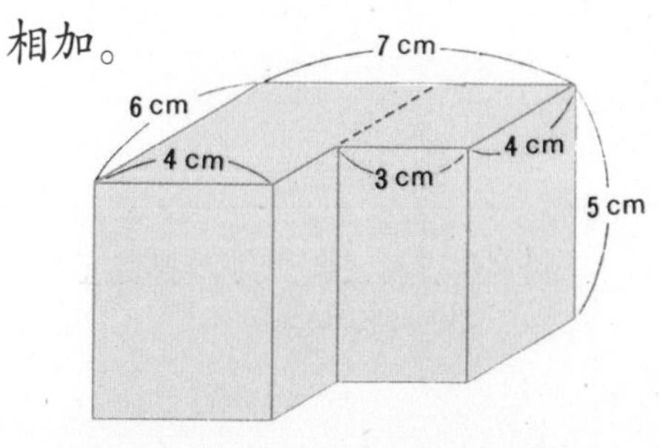

$6\times4\times5+4\times3\times5=180$

答：180立方厘米

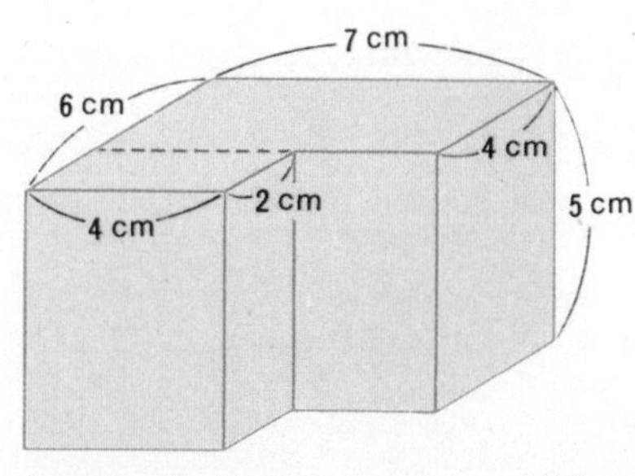

$4\times7\times5+2\times4\times5=180$

答：180立方厘米

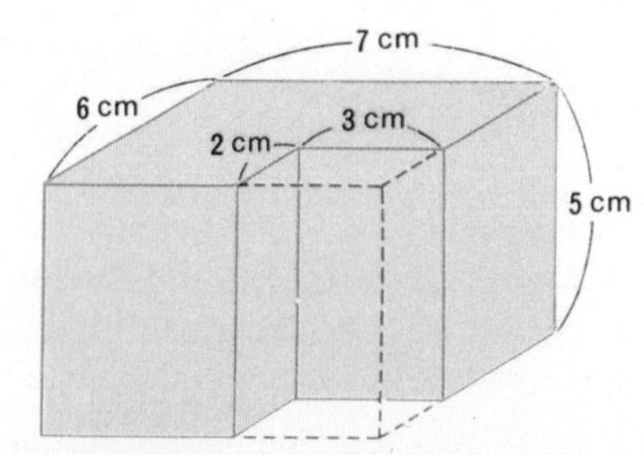

$6\times7\times5-2\times3\times5=180$

答：180立方厘米

容积

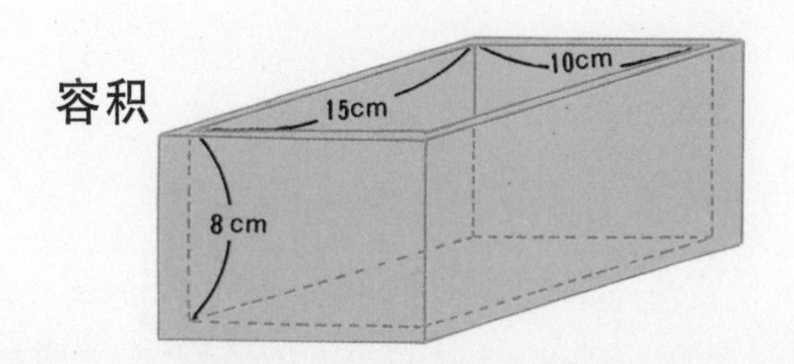

- 在容器里面装满水时，水的体积就是容器的容积。
- 容器里面的长、宽、高叫作内部尺寸。（计算容积时必须使用内部尺寸）

$15\times10\times8=1200$　　答：1200立方厘米

3 有一个长方体的池塘，内侧的长是2米、宽是1.5米。

（1）如果池塘里的水深是60厘米，池塘里的水共有多少立方米？

（2）把（1）的水量再加上0.6立方米的水量后，池塘便装满了水。这个池塘的深度是多少米？

4 下图是一个木制的建筑物模型。求出这个模型的体积。

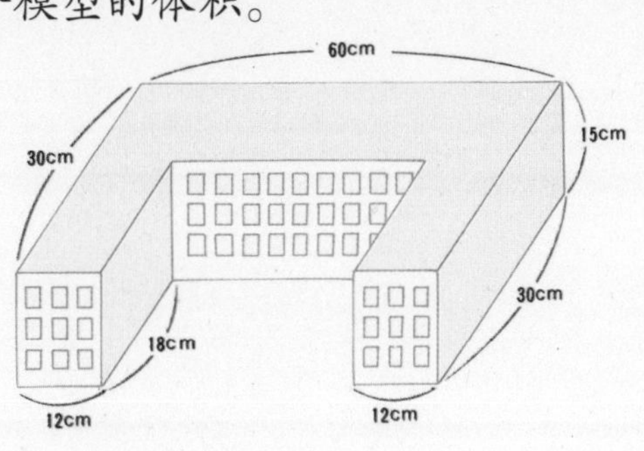

答：1 1000000倍

2 长方体的体积较大，大72立方厘米。

3（1）$1.8m^3$　（2）0.8m　4 $17280cm^3$

解题训练

■由展开图求容积

1 长方形纸板的长是30厘米、宽20厘米。从这块纸板的4个角各裁去一个边长4厘米的正方形，剩余的纸板可以做成一个没有盖子的箱子。这个箱子的容积是多少立方厘米？

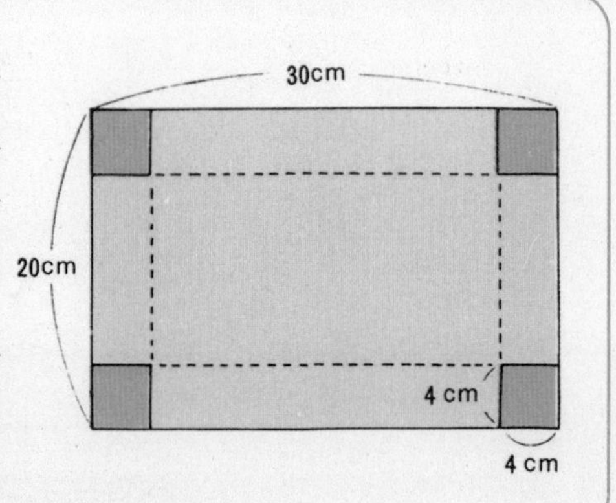

◀ 提示 ▶

去掉4个角后，按照虚线折叠便可做成一个无盖的长方体箱子。

● 解法

先计算箱子的长、宽、高各是多少厘米。因为长方形纸板的4个角各裁去一个边长4厘米的正方形，所以长方体的长度和宽度都比纸板原本的长度和宽度短了4厘米的2倍。长方体的深度是4厘米。

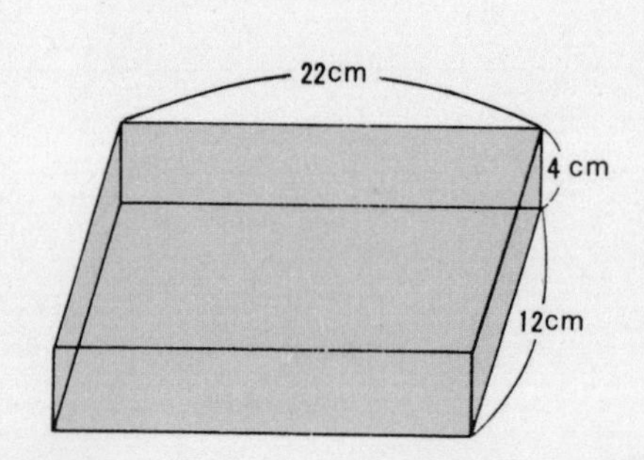

$(20-4\times2)\times(30-4\times2)\times4=1056$

答：1056立方厘米

■求复杂的立方体体积

2

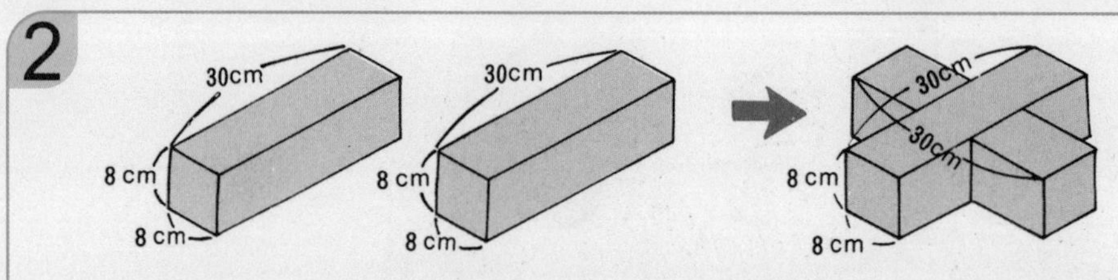

把上面2个木块组合成右图的形式，求组合后的木块体积。

◀ 提示 ▶

注意2个木块重叠部分的体积。

● 解法

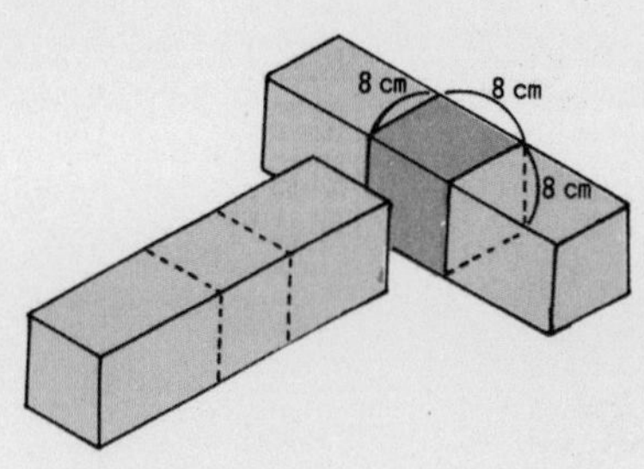

把2个木块的体积总和减去重叠部分的正方体体积，便可求得组合后的木块体积。

$8\times8\times30=1920$。

$1920\times2-8\times8\times8=3328$

答：3328立方厘米

■由容器外面的尺寸与厚度求出容器的容积

3 利用 1 厘米厚的木板制作类似右图的容器。这个容器的容积是多少升？

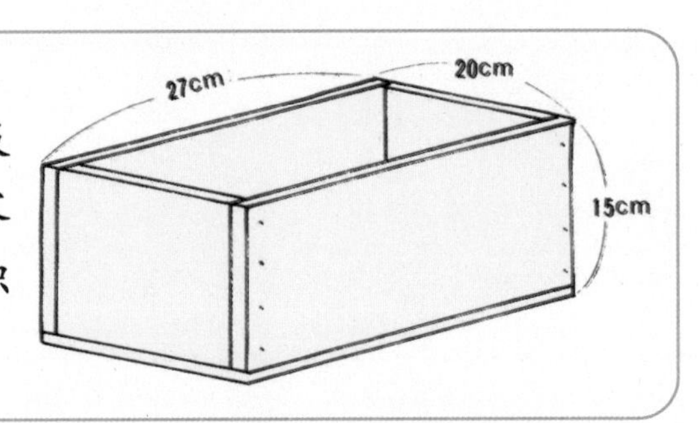

◀ 提示 ▶

把外面的尺寸减去板子的厚度便可求得里面的尺寸。

●解法

先计算容器里面的尺寸。容器里面的长度和宽度都比外面的尺寸小 2 厘米，里面的深度比外面少 1 厘米。

$(27-2)\times(20-2)\times(15-1)$

$=6300$

6300 立方厘米＝6.3 升　答：6.3 升

■边长增加 2 倍、3 倍时，体积（容积）的改变状况

4 正方体容器里面的边长是 5 厘米。

（1）里面的边长如果增为 2 倍，容积会增为几倍？

（2）里面的边长如果增为 3 倍，容积会增为几倍？

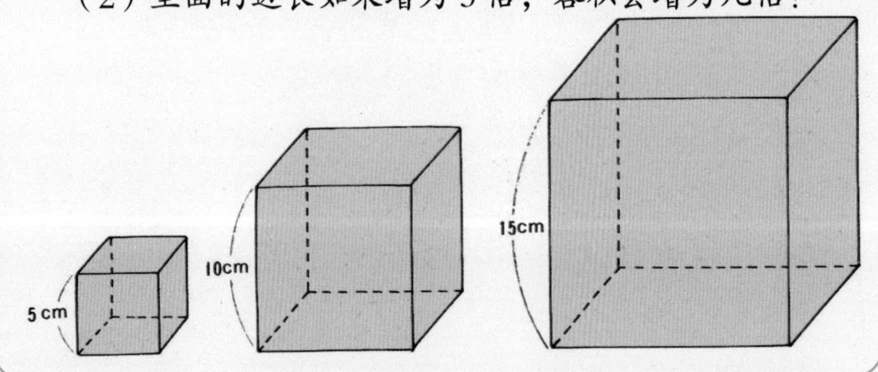

◀ 提示 ▶

由图可以看出大小的差别。先计算容积再比较大小。

●解法

先计算各个不同容器的容积，然后再比较大小。

- 边长 5 厘米的正方体…$5\times5\times5=125$
- 边长 10 厘米的正方体…$10\times10\times10=1000$　$1000\div125=8$（倍）
- 边长 15 厘米的正方体…$15\times15\times15=3375$　$3375\div125=27$（倍）

答：（1）8 倍　（2）27 倍

※ 每边增加 4 倍，容积会增加 64 倍（$4\times4\times4$）。

加强练习

1 长方体水槽的内部长 15 厘米、宽 8 厘米、深 15 厘米。在这个水槽中加入 0.9 升的水，然后在水槽中放置 1 块长 5 厘米、宽 12 厘米、高 3 厘米的长方体铁块。水槽的水面会上升多少厘米？

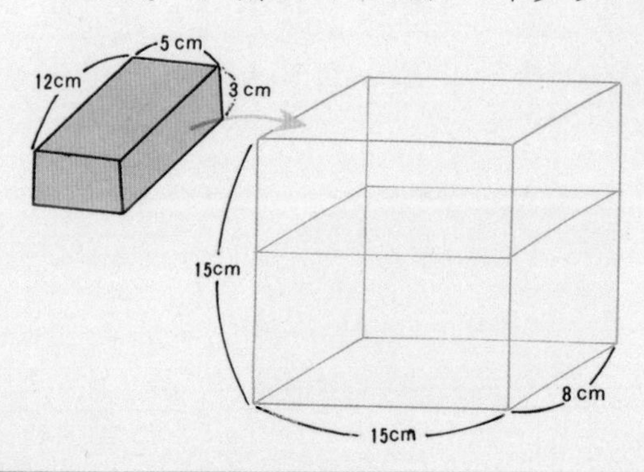

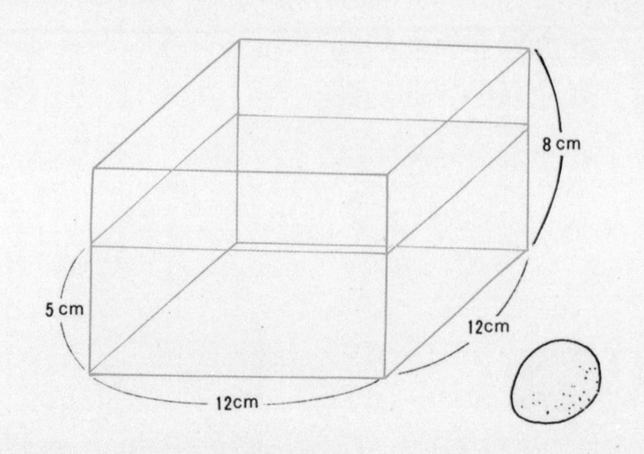

2 长方体容器里面的长与宽都是 12 厘米，深是 8 厘米。把水注入容器里，水的深度是 5 厘米，然后在水中放置 4 个蛋，水的深度变成 6.8 厘米。蛋的大小全部相同，求每个蛋的体积。

解答和说明

1 水上升后增加的体积等于长方体铁块的体积。把水面的上升高度当作 x 厘米，

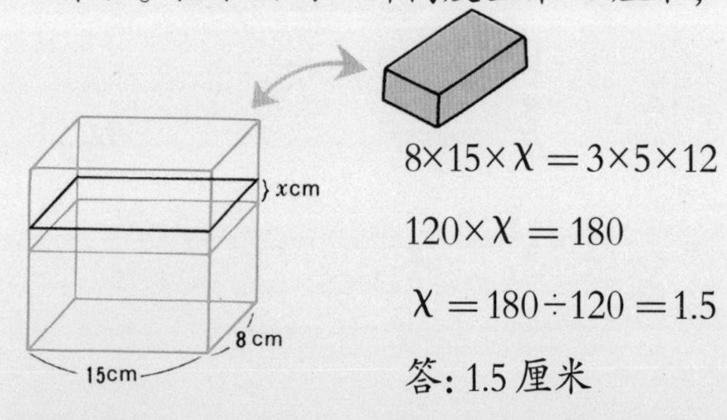

$8\times15\times x=3\times5\times12$

$120\times x=180$

$x=180\div120=1.5$

答：1.5 厘米

2 和 **1** 相同，水上升后增加的体积等于 4 个蛋的体积总和。放置 4 个蛋后增加的水深是 $6.8-5=1.8$（厘米）。把 4 个蛋的体积总和除以 4 就是每个蛋的体积。

$12\times12\times1.8\div4=64.8$（立方厘米）

答：64.8 立方厘米

3 先求整个容器的容积。下面台形部分的容积是 $8\times8\times4=256$（立方厘米）

上面直立部分的容积是 $4\times4\times20=320$（立方厘米）

台形部分的容积较小，注入 $\frac{1}{2}$ 的水之后，整个容器内的水会像右图一般。图中空白部分的体积等于上下 2 个容器体积的 $\frac{1}{2}$。

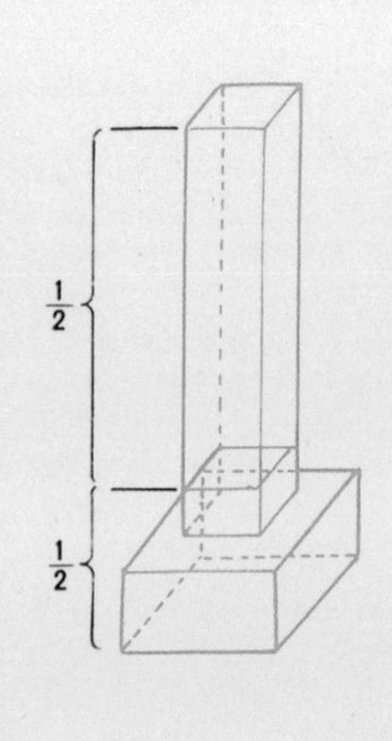

3 下图的容器由2个重叠的长方体构成。图中所示的长度都是长方体里面的长度。如果把水注入这个容器里，水量是容器容积的$\frac{1}{2}$，水深应是多少厘米？

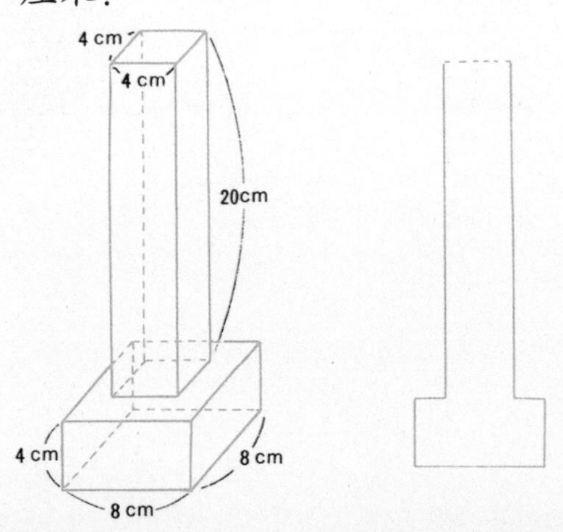

4 长方体水槽里面的长、宽都是10厘米，深是15厘米，水槽里的水深是7.5厘米。现在把一块长、宽都是5厘米的长方体木棒垂直地放进水槽底部，然后把沾水后的木棒取出，木棒沾水的部分有几厘米长？

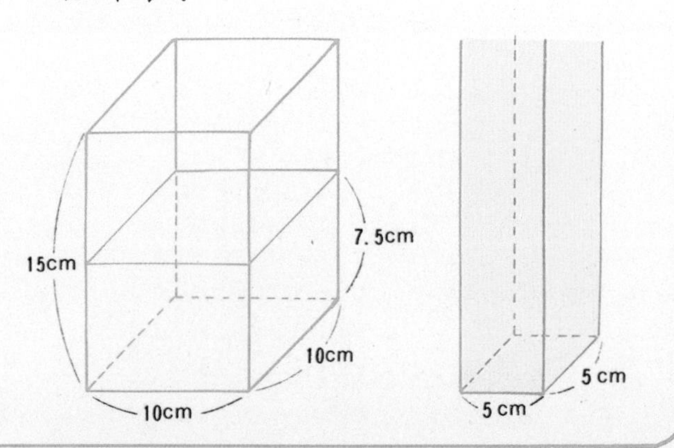

(256 + 320) ÷2 = 288 (立方厘米)

288÷ (4×4) = 18 (由上面计算的长度)。

20 + 4 − 18 = 6　　　　答: 6 厘米

4 由各个不同形状可以算出木棒沾水部分的体积是水体积的$\frac{1}{3}$。如果把棒子沾水部分的长度当作 χ 厘米，

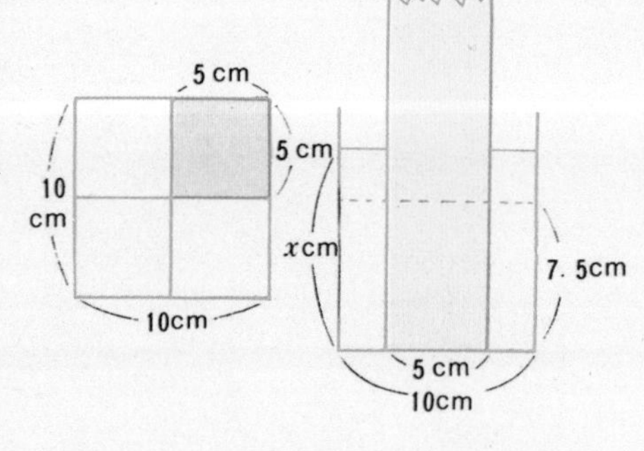

5 × 5 × χ = 10×10×7.5÷3。χ = 10　　答: 10 厘米

<其他解法>水的体积不变，把木棒沾水部分的长度当作 χ 厘米，10×10×7.5 = (10×10 − 5×5) × χ　　χ = 10

应用问题

1 正方体容器里面的边长都是10厘米，把水注入容器里，水深为8厘米。如果在水中放置石头，水会溢到容器外面，而溢出的水是250立方厘米。这块石头的体积是多少立方厘米？

2 有10个正方体积木，积木的边长都是2厘米，把这些积木叠起来并做成正方体。如果要叠成更大的正方体，需要几块积木？大型正方体的体积是多少立方厘米？

答: **1** 450 立方厘米；

2 27 块，216 立方厘米。

13 体积的测定和概测

◉ 体积的概测

测量游泳池放满水的体积。学校的游泳池，长是25米，宽是10.5米，深度浅的地方是0.8米，深的地方是1.5米，跳水的地方是1.2米。

请问要如何量它的体积？

◆ 把游泳池的形状当作长方体，再计算一下放满水的体积。

3种深度平均的话，大约是1.2米。所以 $25\times10.5\times1.2=315$

答：约315 m^3。

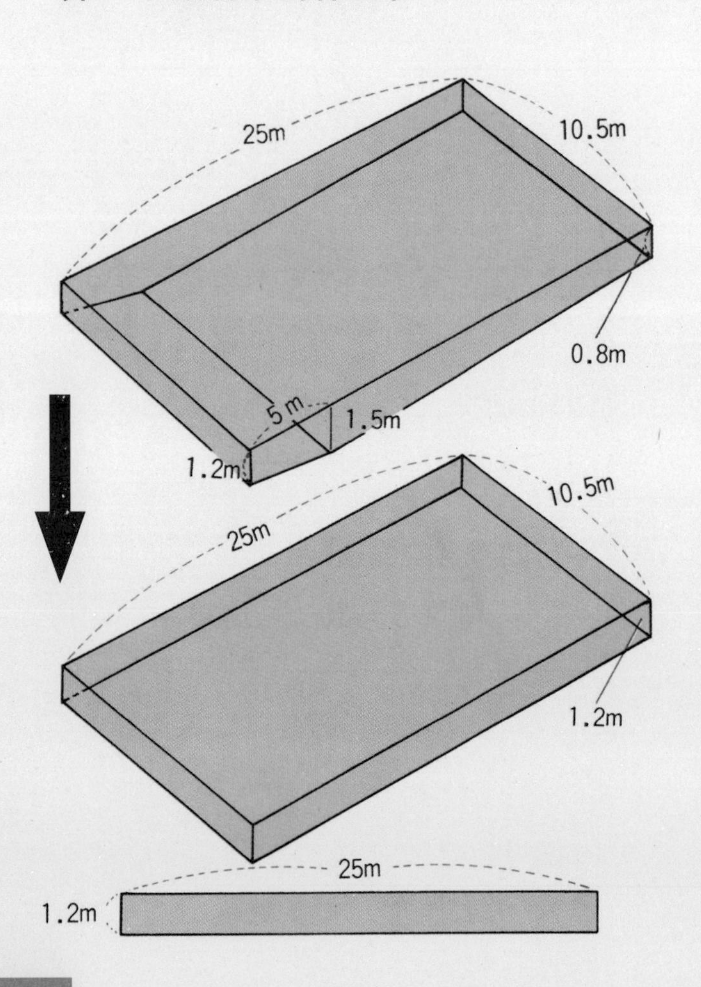

◆ 求详细的体积。

$(0.8+1.5)\times20\div2\times10.5=241.5$

$(1.2+1.5)\times5\div2\times10.5=70.875$

$241.5+70.875=312.375\ (m^3)$

答：约312 m^3，与估算的体积没什么差别。

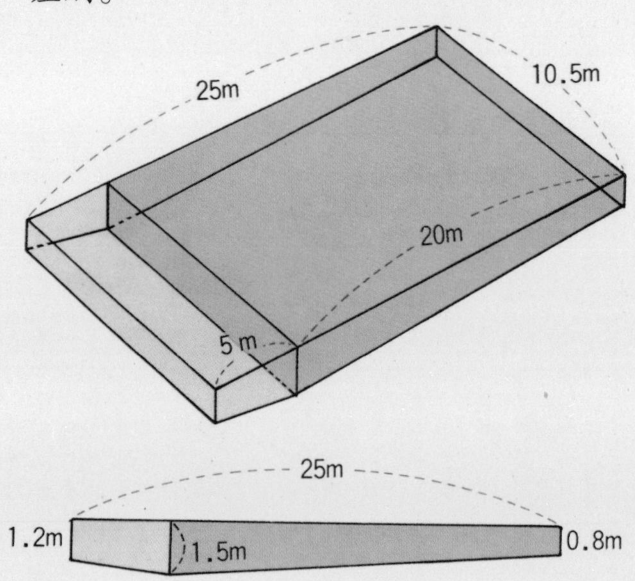

研究体积的量法①

例 题

近似长方体或正方体形状的，可把它当作长方体或正方体，这样就可以求出大概的体积。请计算下图的体积。

学习重点

①量出必要的边长，就能求出体积。
②复杂形状的体积，可换成水的体积计算。

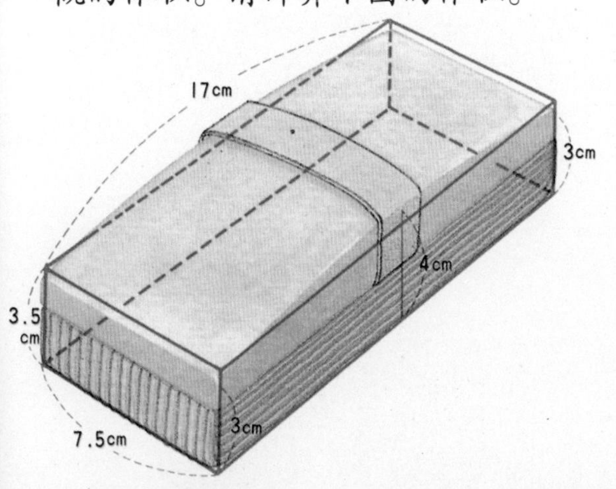

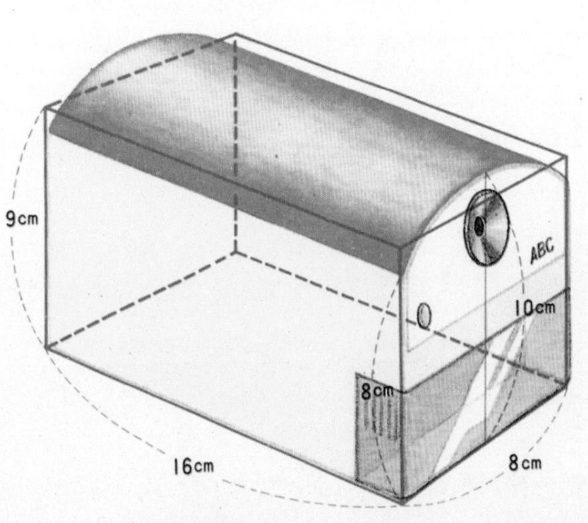

◆ **计算如下：**

$7.5\times17\times3.5=446.25$ 约 $450cm^3$

◆ **计算如下：**

$8\times16\times9=1152$ 约 $1150\ cm^3$

动脑时间

3ℓ 和 5ℓ 量器的用法

光用 3ℓ 和 5ℓ 的量器，可以测量 1ℓ 到 8ℓ 的水。

●**量 1ℓ** 首先把 3ℓ 量器的水移到 5ℓ 的量器，5ℓ 的量器还可以装 2ℓ。接着，再把 3ℓ 量器的水倒入 5ℓ 的量器，结果 3ℓ 的量器内会剩下 1ℓ。

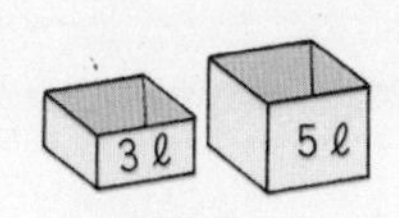

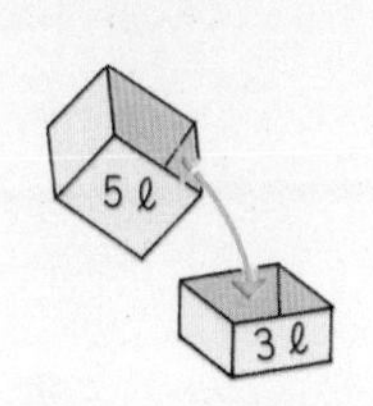

●**量 2ℓ** 这个更简单。只要把 5ℓ 量器的水倒入 3ℓ 的量器，就会剩下 2ℓ。

照这样做的话，从 1ℓ 到 8ℓ 的水都可以量出来。

不过 0.5ℓ 的水要怎么量出来呢？

参考下图看看。

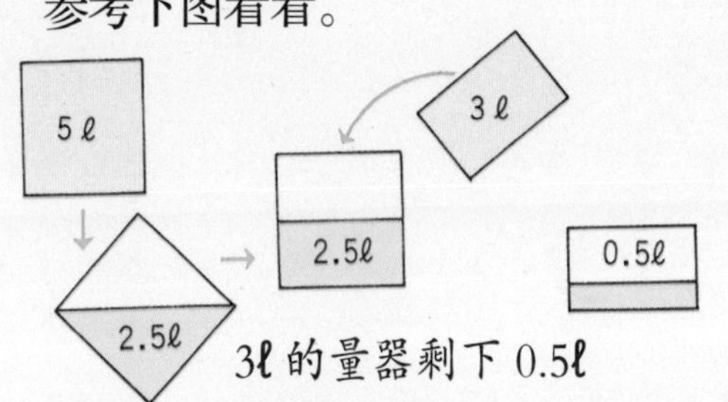

●研究体积的量法②

研究看看，像石头那种不规则形状（不完整的形状）的体积要怎么量。

如果把石头放进装满水的浴池或水桶，水就会溢出来。利用这件事情想想看。

◆用溢出来的水量，测量一下石头的体积。

①将能够容纳测量物的容器内装满水，再将该容器放入一个更大的空容器内。

②把测量物轻轻放进装满水的小容器内，水会溢到大容器内。

③溢出来的水用圆筒计量杯测量。大约有 400 cm^3。

◆ **用增多的水量石头的体积。**

在一个知道内部尺寸的容器里，加进去的水刚好可以淹没要量的东西。

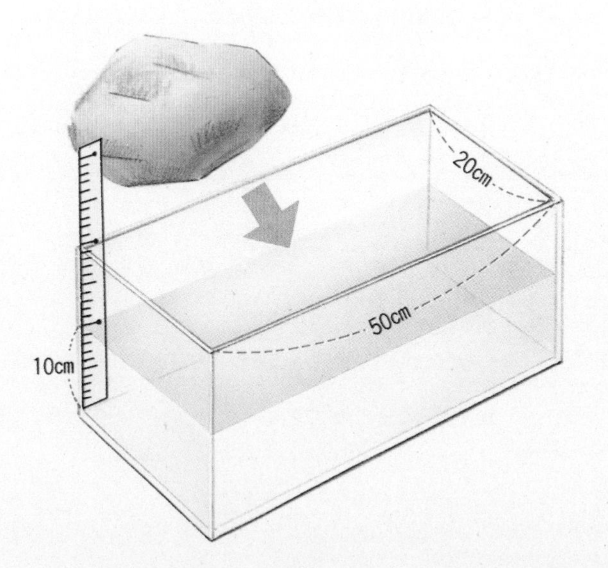

这个容器的内部尺寸，长 50 厘米，宽 20 厘米。然后，在容器中把水加到 10 厘米的高度。下面该如何测量体积呢?

放进石头后，水深到达 12 厘米。深度上涨了 2 厘米（12 − 10），所以，石头的体积为

$$20 \times 50 \times 2 = 2000\ (\mathrm{cm}^3)$$

答：约 2000 cm^3

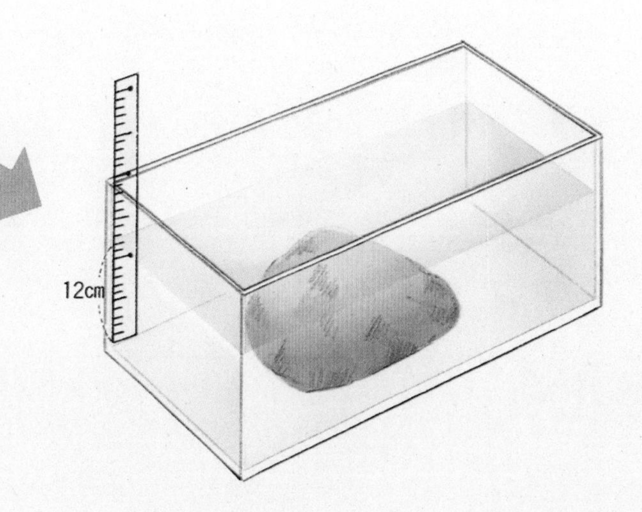

利用这种方法，可以求出不规则物体的体积。

整理

（1）近似长方体或正方体的东西，可以把它当作长方体或正方体，就可以求出体积。

石头

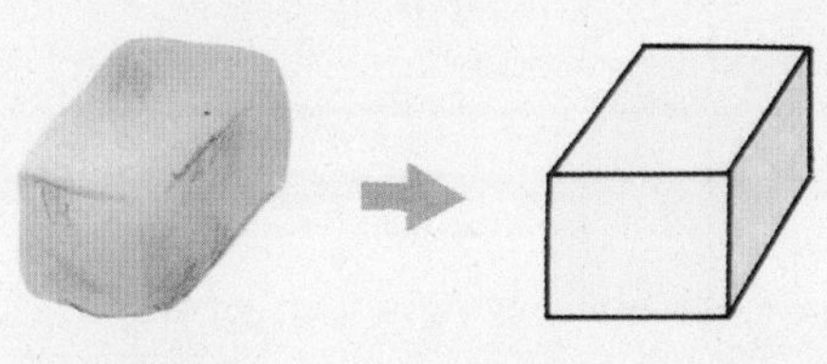

石头

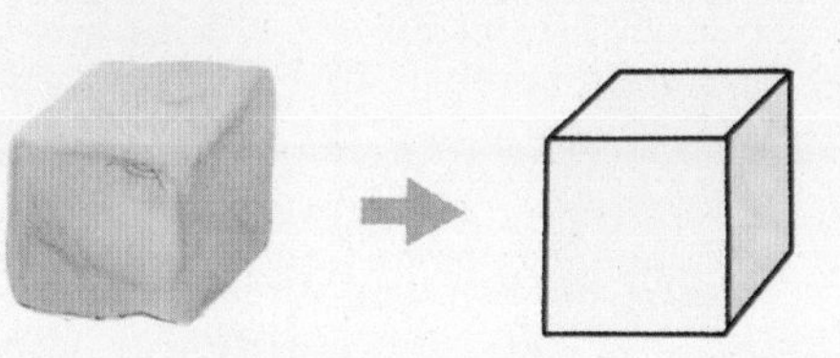

（2）石头可以利用水的体积计算。

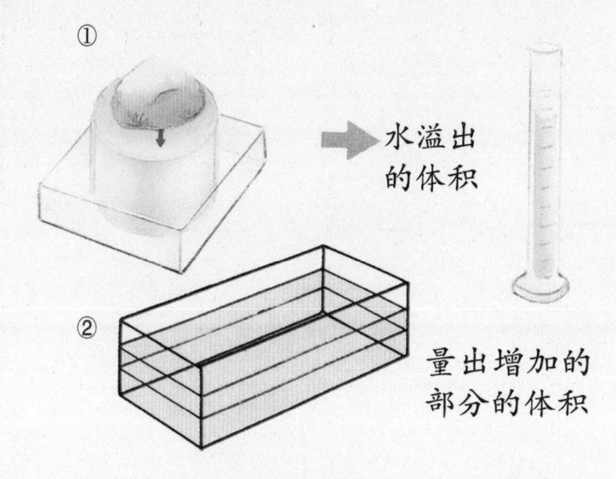

图形的智慧之源

油的分配

《尘劫记》是日本江户时代的一本有名的算术书籍，书中有一个这样的问题。

有一个10ℓ装的容器，里面装满了油。现在想把它分给2个人各5ℓ，可是，只有7ℓ和3ℓ的量器。请问如何利用这2个量器顺利把油分成两个5ℓ？

分配的方法如下图。

看了下图，步骤相当麻烦，不过，要用这种方法解决的话，只能这样操作。有甲、乙、丙3个量器，把甲当作最大的，乙其次，丙是最小的。

规则1　乙量器空的话，就把甲的油倒入乙。

规则2　乙装了油后，在丙尚未装油时，乙的油倒入丙。

规则3　乙装了油，丙也装满的话，丙的就要移给甲。

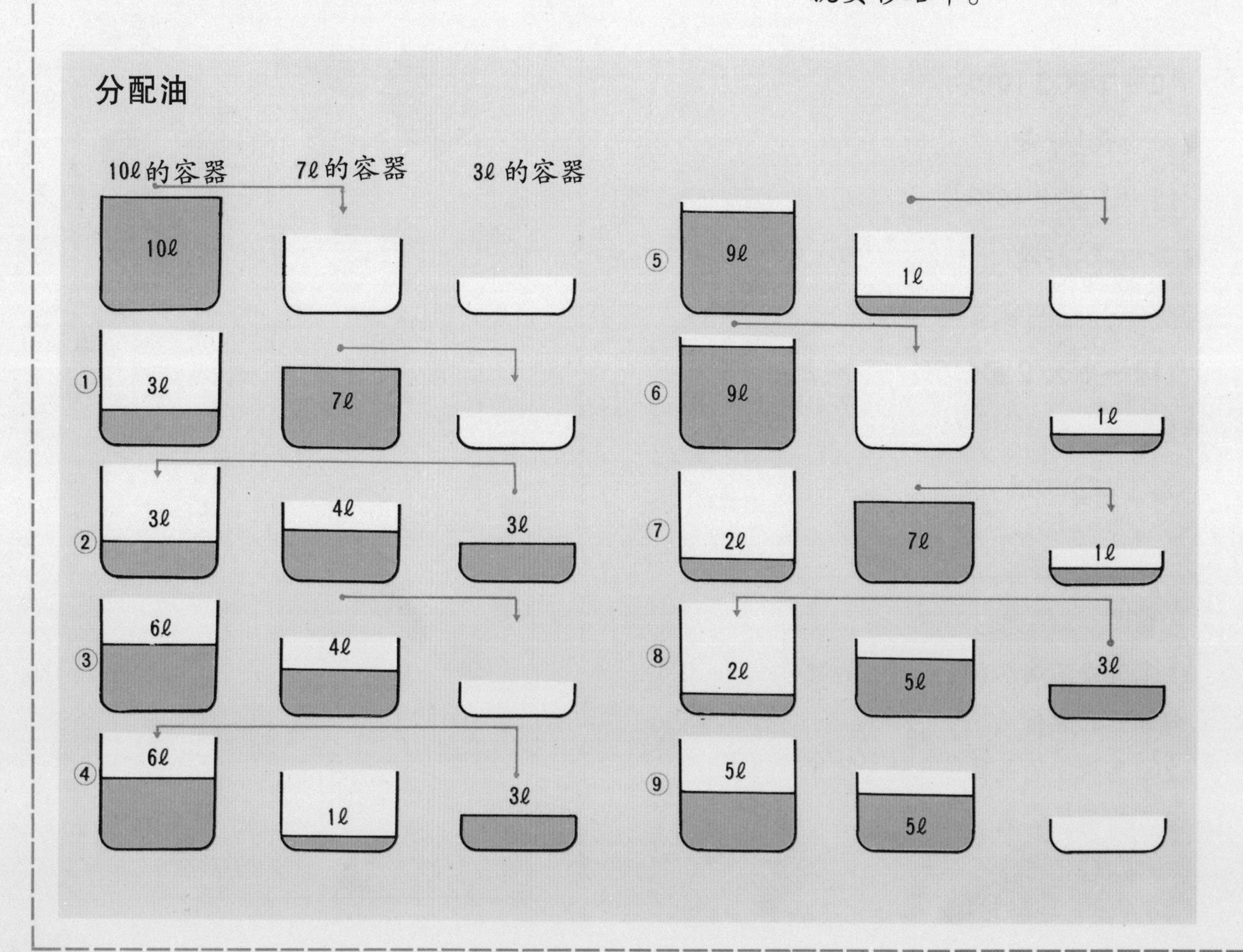

依照这3个规则移换的话，自然就能够解决问题，请再仔细看一遍前面《尘劫记》中问题的解法。照它的方法做一做。

西方也有一个跟分配油同样的问题。不过，西方提出的是葡萄酒的分配问题。

分配葡萄酒

西方的这个问题是这样的。

有个8ℓ的容器装了8ℓ的葡萄酒。请现在，由你一个人来解决下面的问题。有用5ℓ和3ℓ的量器把它各分成4ℓ。

利用前面的规则，一起来解决这个问题。当你充分领会这种分配方法之后，9ℓ和7ℓ的量器各一个，请问如何把16ℓ的东西分成各8ℓ？

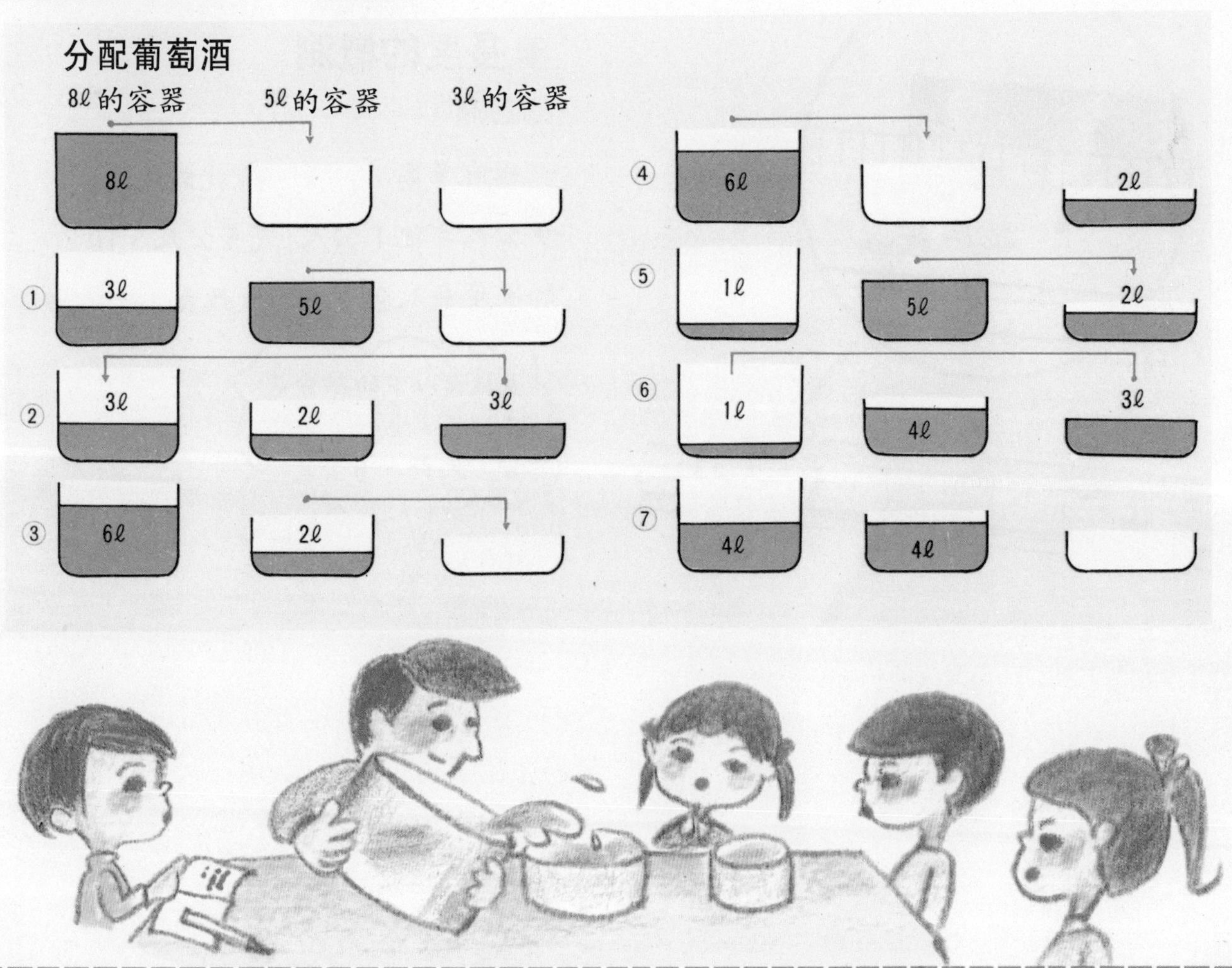